60分でわかる！ THE BEGINNER'S GUIDE TO CASHLESS PAYMENT

キャッシュレス決済最前線

キャッシュレス研究会 著
山本正行（山本国際コンサルタンツ）監修

技術評論社

JN231809

現地レポート

これが**中国キャッシュレス決済**の最前線だ!

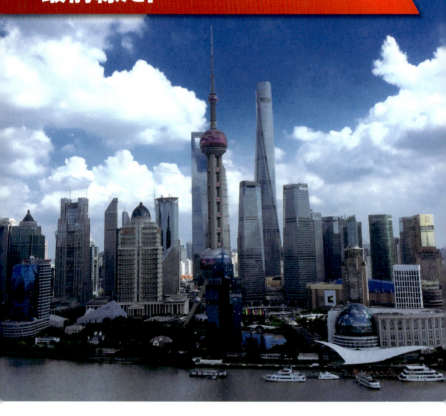

上海市

現金のやり取りをせずに支払いを行う決済方法「キャッシュレス」。今、中国は急速にキャッシュレス決済が普及している国とされている。その中でも世界一の人口を誇る都市、上海市の街を訪れてみた。今回は、上海市で見つけた様々なキャッシュレス事情をレポートしていく。

中国人の生活に根付く「アリペイ」と「WeChatペイ」

現地の人に話を聞くと、中国ではまとまった現金を持ち歩いている人はほとんどいないそうだ。現金を持っている人がいるとすれば、それは高齢者や海外からの出張者・旅行者であるという。中国では、現金への信用度が低いなどといった様々な理由で、スマートフォンでQRコードを読み込んで支払いを行う「QRコード決済」が主流になっている。このQRコード決済の代表的なアプリが、「アリペイ」と「WeChatペイ」だ（Sec.21参照）。中国ではこの2つのサービスが生活に欠かせないものとなっており、コンビニなどの少額の買い物から自動車などの高額な買い物、そして預金や資産管理、個人間送金などにも利用されている。

▲店頭でQRコード決済を行う様子。自分のQRコードを店舗側に読み取ってもらう、または店舗側のQRコードを自分で読み取ることで、支払いを行うことができる。
写真提供：アリペイジャパン

◀左がアリペイ、右がWeChatペイ。どちらも中国人にとって生活になくてはならないサービスだ。

路 上店舗

中国では露店の
キャッシュレス決済も当たり前

路上店舗の壁には、店舗のQRコード情報を印字したステッカーが掲示されている。客はアリペイやWeChatペイでこのQRコードを読み取り、金額を入力して支払いを行う。通りがかりに見つけた小さな屋台でも、カウンターにQRコード情報が載っているステッカーが置かれていた。店主に話を聞くと、調理中は手が離せないのでお釣りを渡す必要がないのは非常に便利だという。首にQRコードをぶら下げ、路上で花を売っている女性にも出会った。QRコード決済は場所を選ばずに商売ができることもメリットで、路上販売やパフォーマンスでお金を得ている人もいる。

シェアリングサービス

シェアリングサービスもキャッシュレスで自由に

「QRコード決済はスマートフォンの電池がなくなってしまうと使えないのでは？」と考える人もいるだろう。ところが、上海では街のあらゆる場所にモバイルバッテリーシェアリングサービスのボックスが設置されており、QRコードを読み取ることで格納されているモバイルバッテリーを使用できるのだ。また自転車のシェアリングサービスも各地にあり、こちらもQRコードを読み取れば自転車を自由に利用できる。このサービスはアリペイを提供する会社が運営しており、自転車の利用の仕方次第で、アプリ内の信用スコア（Sec.30参照）にも関わってくるそうだ。

アミューズメント

子どもも QRコード決済を利用

カプセルトイにもQRコードが付いている。日本人は「こんなものにまでQRコードを使うのか」と驚愕するかもしれない。子どものスマートフォンは親のスマートフォンと連動しており、子どもが決済を行うたびに親のスマートフォンに通知されるしくみになっている。

フ ファストフード・飲食店

ファストフードや飲食店はキャッシュレスで行列緩和

ファストフード店では、入口すぐにセルフレジが設置されている。セルフレジはタッチパネルで操作を行い、購入したい商品を選択する。この店舗では「ハンバーガーのピクルス抜き」といった、通常は口頭で店員に伝えるような注文にも対応できるようだ。注文内容を確認し、決済アプリをQRコードをかざすと、支払いが完了する。即座に受け取り番号が発行されるので、モニターに自分の番号が表示されたらカウンターで商品を受け取る。現金のやり取りがないので決済業務の時間を短縮することができ、これまでにあったレジ待ちの長い行列は解消できている様子だ。

◀ セルフレジのない飲食店でも、会計の基本はやはりQRコード決済。飲食店では、キャッシュレスで支払うと次回の来店時に利用できるクーポンがもらえる場合もあり、このクーポンは客の決済情報をもとに作られているという。

6

▌生活必需品となったQRコード決済について中国人は何を思うのか

上海の街を改めて見渡すと、証明写真機や自動販売機、地下鉄の改札入場までもがキャッシュレス一色の状態だ。中国人にとって、QRコード決済は生活必需品になっているといっても過言ではないだろう。ここで、キャッシュレスによって個人情報が筒抜けであること（Sec.35、66参照）についてどう思っているのかを聞いてみると、「特に誰も気にしていない状態」という回答が返ってきた。十数億人いる内の1人として自身の情報がそこまで重要でないことは明らかで、情報を管理・活用されることをほとんどの人が何とも思っていないというのだ。また、「自分の情報が社会発展につながるのであれば喜んで提供する」という未来志向な声もあった。もともと中国は、インフラの未整備や環境の悪さがあったからこそキャッシュレスが浸透したとも考えられている。QRコード決済は中国人のライフスタイルやマナーまでをも変えつつある唯一無二の存在なのだ。中国では今後もより安心安全な社会をつくっていくための手段として、キャッシュレスに大きな期待が寄せられている。

60分でわかる！ キャッシュレス決済 最前線

Contents

これが中国キャッシュレス決済の「最前線」だ! …………………………………… 2

Chapter 1
キャッシュレス決済が変える世の中の「しくみ」

- **001** キャッシュレス革命とは何か? ……………………………………… 14
- **002** 訪日中国人観光客があきれる日本の現状 ………………………… 16
- **003** キャッシュレス先進国中国の現状は? ……………………………… 18
- **004** 中国のキャッシュレス事情① 小さな買い物もキャッシュレス ………… 20
- **005** 中国のキャッシュレス事情② 現金での支払いは厄介者扱いされる ‥22
- **006** 中国のキャッシュレス事情③ 生活費や給与もスマートフォンで管理 ‥‥24
- **007** 中国のキャッシュレス事情④ 病院の前払いをキャッシュレス化 ……… 26
- **008** 銀聯カードとアリババ、テンセント ………………………………… 28
- **009** 銀聯VSアリペイ　キャッシュレス覇権戦争の行方 ………………… 30
- **010** 中国のキャッシュレス普及の背景① 利用者側・店舗側の利便性の高さ ‥32
- **011** 中国のキャッシュレス普及の背景② 自国通貨への不信感 …………… 34
- **012** 中国のキャッシュレス普及の背景③ システムの導入が低コストで可能 ‥36
- **013** キャッシュレス化のメリット① 現金決済に必要な業務が減る ………… 38
- **014** キャッシュレス化のメリット② 現金化までの時間が短縮する ………… 40
- **015** キャッシュレス化のメリット③ 犯罪抑止のための対策が行いやすい ‥‥42
- **016** キャッシュレス化のメリット④ 決済以外のサービスを受けられる ‥‥‥44
- **017** キャッシュレス化のメリット⑤ お金の流れの透明性が向上する ……… 46
- **018** キャッシュレス化のメリット⑥ 政府や企業がデータを活用できる ‥‥‥48
- **Column** キャッシュレス化が進むことにデメリットはあるのか? ……………… 50

Chapter 2
アリペイが支える「中国」キャッシュレスの躍進

019	キャッシュレスの鍵はスマートフォン＋QRコード	52
020	QRコードはカード型・非接触決済よりも幅広く普及する？	54
021	中国の2大キャッシュレス決済　アリペイとWeChatペイ	56
022	中国キャッシュレス決済普及の立役者アリペイ	58
023	チャット機能の付帯サービス　WeChatペイ	60
024	アリペイとWeChatペイの使い分けとは？	62
025	アリペイの1日の決済額は楽天1年分の流通総額に匹敵する	64
026	アリペイはなぜここまで急成長したのか？	66
027	世界的な大企業となったアリババグループとは？	68
028	アリペイを成功に導いたジャック・マーの信念	70
029	アリペイを使った決済のしくみ	72
030	アリペイは個人の信用をスコアで表す	74
031	アリペイで投資信託・後日払い・消費者金融が可能	76
032	アリペイは個人間送金もスムーズ	78
033	アリペイで自動車ローンや住宅ローンも可能に？	80
034	アリペイの利益源は？	82
035	アリペイの利用履歴はビッグデータとして活用される	84
036	アリペイのセキュリティ・補償はどうなっているのか？	86
037	中国政府によるQRコード決済の規制が進む	88
038	世界のQRコード決済事情はどうなっている？	90
Column	頭打ちの中国スマホ決済市場からアリペイは世界へ	92

Chapter 3
日本のキャッシュレス決済「最前線」を知る

039	日本はなぜキャッシュレス化が進まないのか？	94
040	日本でキャッシュレス化が進まない理由① 根強い現金主義	96
041	日本でキャッシュレス化が進まない理由② 店舗がキャッシュレスを受け入れない	98
042	日本でキャッシュレス化が進まない理由③ 現金を扱うインフラが充実している	100
043	日本政府が発表した「キャッシュレス・ビジョン」とは？	102
044	インバウンド戦略としてのキャッシュレス決済	104
045	日本におけるキャッシュレス化の最新事情	106
046	日本のキャッシュレス最新事情① 通信事業者の参入	108
047	日本のキャッシュレス最新事情② 3大メガバンクが規格統一で合意	110
048	日本のキャッシュレス最新事情③ LINE Payが100万店舗への導入を宣言	112
049	日本のキャッシュレス最新事情④ 消費税引き上げに合わせた導入支援	114
050	日本のキャッシュレス最新事情⑤ QRコード決済の標準化	116
051	日本が失われた10年を取り戻すためには？	118
052	キャッシュレス化の本質はエコシステムの創造にある	120
053	日本でもQRコード決済サービスが拡大しつつある	122
054	日本で導入可能なQRコード決済① アリペイ／WeChatペイ	124
055	日本で導入可能なQRコード決済② ソフトバンクとヤフーが提携「PayPay」	126
056	日本で導入可能なQRコード決済③ ドコモの「d払い」	128
057	日本で導入可能なQRコード決済④ LINEの「LINE Pay」	130
058	日本で導入可能なQRコード決済⑤ 楽天の「楽天ペイ」	132
059	日本で導入可能なQRコード決済⑥ Coiney／Origami Pay	134
Column	Amazon Payの実店舗での利用が開始	136

Chapter 4
進化するキャッシュレス決済の「未来」はどうなる?

060	テクノロジーの進展がキャッシュレスを加速させる	138
061	レジすら不要! Amazon Goが提示するビジョン	140
062	認証技術の進化による本人確認の簡易化	142
063	サービスとサービスをつなぐAPIの可能性	144
064	お金のデータ化が日本の社会コストを削減する	146
065	キャッシュレス社会はバラ色とは限らない	148
066	企業などによる消費者行動の監視	150
067	キャッシュレス化が変える社会のあり方	152
	キャッシュレス関連企業リスト	154
	索引	158

■『ご注意』ご購入・ご利用の前に必ずお読みください

　本書に記載された内容は、情報の提供のみを目的としています。したがって、本書を参考にした運用は、必ずご自身の責任と判断において行ってください。本書の情報に基づいた運用の結果、想定した通りの成果が得られなかったり、損害が発生しても弊社および著者はいかなる責任も負いません。

　本書に記載されている情報は、特に断りがない限り、2019年1月時点での情報に基づいています。サービスの内容や価格などすべての情報はご利用時には変更されている場合がありますので、ご注意ください。

　本書は、著作権法上の保護を受けています。本書の一部あるいは全部について、いかなる方法においても無断で複写、複製することは禁じられています。

　本文中に記載されている会社名、製品名などは、すべて関係各社の商標または登録商標、商品名です。なお、本文中には ™ マーク、®マークは記載しておりません。

Chapter 1

キャッシュレス決済が変える世の中の「しくみ」

001

キャッシュレス革命とは何か?

時代はキャッシュレス決済

　近年、**「キャッシュレス革命」**という言葉が注目を集めています。旧来の「キャッシュレス」は、クレジットカードをはじめとするカード決済や、ECショップなどでのオンライン決済、NFC搭載のスマートフォンで行うモバイル決済など、広い意味での**「直接的な現金でのやり取りを行わない決済方法」**を指していました。しかし昨今のキャッシュレス革命の主役となりつつあるのは、**スマートフォンでQRコードを読み取って支払いを行う「QRコード決済」**です。QRコード決済は世界で着々と普及し始めており、中でも中国では決済アプリ「アリペイ」が国民の生活に浸透しています。

　こうした世界の潮流の一方、日本はクレジットカードなどのキャッシュレスを受け入れる加盟店が少ないことから、**キャッシュレス後進国**とまでいわれています。2020年に東京オリンピック・パラリンピックの開催を控えている日本は、訪日外国人に対する決済インフラの整備を目的に、2025年までにキャッシュレス比率を現在の倍にすると発表しました（Sec.44参照）。キャッシュレス化を進めるにあたり、キャッシュレスの新しい概念を取り入れようとした政府は、中国経済を大きく進展させたアリペイのビジネスモデルを参考に、1つの策としてQRコード決済の標準化を図ることにしたのです。

　前述の通り「キャッシュレス」という言葉は広義ではカード決済やNFC決済など、多様な決済方法を含みます。しかし**本書では、「キャッシュレス決済」という言葉を主に「QRコード決済」を指すものとして、このあとの解説を進めていきます。**

現金を使わないキャッシュレス決済の種類

● クレジットカード

● 電子マネー

● NFC

● キャリア決済

● QRコード

002
訪日中国人観光客があきれる日本の現状

日本のキャッシュレス化は大きく遅れている

2020年の東京オリンピック・パラリンピック開催まで、あと2年を切りました。それを背景にインバウンドビジネスも活況で、世界中から多くの観光客が日本を訪れています。政府もインバウンド特需を拡大させようと、以前から様々な政策を推進させており、観光庁は訪日外国人数を2020年には4,000万人、2030年には6,000万人にするという目標を掲げています。しかし、訪日外国人の増加にブレーキをかけるかもしれないマイナス要因があります。それが「現金主義」です。

「言葉の壁」や「通信環境の未整備」は、外国人が日本に対して感じる不便さの代表格です。そして、これらに次ぐのが「支払いに関わる問題」です。訪日観光客が多い国として中国や韓国が挙げられますが、経済産業省がまとめた「キャッシュレス化推進に向けた国内外の現状認識」によると、両国のキャッシュレス比率（カード決済を含む）は**中国が60％**、**韓国が96.4％**となっています。対して**日本はわずか19.8％**であり、アメリカやフランス、イギリスなど、ほかの先進国と比較してもひときわ低い数値となっています（出典の違いにより、上記とは異なる数値が示される資料もあります）。

インバウンド推進のテーマとして、日本では"おもてなし"が取り上げられます。この"おもてなし"を「訪日外国人がストレスなく観光できる環境作り」とするならば、**キャッシュレス化の遅れがインバウンド推進の阻害要因**になるかもしれないのです。

訪日外国人数とキャッシュレスの現状

訪日外国人数の推移

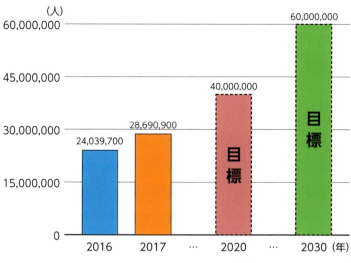

出典:「日本政府観光局(JNTO)」

世界のキャッシュレス比率（電子マネーを除く）

	2007年	2016年	2007年 → 2016年
韓国	61.8%	96.4%	+34.6%
イギリス	37.9%	68.7%	+30.8%
シンガポール	43.5%	58.8%	+15.3%
アメリカ	33.7%	46.0%	+12.3%
フランス	29.1%	40.0%	+10.9%
インド	18.3%	35.1%	+16.8%
日本	13.6%	19.8%	+6.2%
中国（※）	約40%（2010年）→ 約60%（2015年）		

※「Better Than Cash Alliance」より参考値として記載
出典：経済産業省「キャッシュレス化推進に向けた国内外の現状認識」

003
キャッシュレス先進国中国の現状は？

中国のキャッシュレス決済はQRコードが主流

　Sec.02で説明したように、中国と韓国はキャッシュレス先進国です。**特にQRコード決済においては、中国が桁違いの普及率を誇っています**。日本銀行のレポート「モバイル決済の現状と課題」によると、中国では都市部の消費者を対象としたアンケート回答者の98.3％が、過去3ヶ月の間にモバイル決済を利用したと答えています。都市部では現金NGの店舗も多く、「現金を持っているのは高齢者か訪中旅行者ぐらいだ」とまでいわれるほどです。

　現金の引き出しで銀行の窓口は混み合い、ATMは長蛇の列…。日本ではありふれたこのような光景も、中国の都市部ではまず見られません。現金を必要としないため、そもそも銀行窓口やATMの需要自体が少ないのです。さらに、レストランでの会計に店員がおらず、自分のスマートフォンで決済するといった店舗もあるといいます。こうした中国におけるキャッシュレスの動向は、普及率こそ突出したものではあるものの、**進化したキャッシュレス社会の姿を象徴しているといっても過言ではありません**。

　中国のキャッシュレス事情をつぶさに見ていくと、その領域は非常に広範囲に及んでいることがわかります。中国国民の多くに利用されているのが、Sec.01で触れた「アリペイ」という決済アプリです。買い物にQRコードを使うだけでなく、生活費や給与をスマートフォンで管理したり、病院の医療費・治療費をスマートフォンで支払ったりするなど、生活の様々な場面にキャッシュレス決済が入り込んでいます。**現金の存在感がとことん希薄な国、それが中国なのです**。

キャッシュレス先進国の中国と後進国の日本

中国のキャッシュレスの現状

中国都市部の 98.3% が
過去 3 ヶ月にモバイル決済を利用

出典：日本銀行「モバイル決済の現状と課題」

日本のATMにできる行列

004

中国のキャッシュレス事情①
小さな買い物もキャッシュレス

タバコ1箱・肉まん1個からスマートフォンで購入

　日本人にとってQRコードといえば、メッセージアプリ「LINE」の友だち追加がおなじみです。中国ではそれと同じような手軽さで、様々な支払いがQRコードで行われています。中国中央銀行の調査によると、**QRコード決済を含む2017年のモバイル決済件数は375億5,200万件**、金額は202兆9,000億元（約3,412兆円）にのぼるといいます。これは決済件数、決済金額ともに世界一であり、いかに中国でキャッシュレス決済が生活に根付いているかがわかります。

　また決済に対応する店舗側は、コストをほとんどかけずにキャッシュレス決済を導入することができます。そのため中国では、コンビニなどの店舗はもとより、**小さな屋台や個人が出店しているフリーマーケットでも、キャッシュレス決済に対応**しています。その結果消費者側も、ほとんどの買い物をキャッシュレスで済ませるようになっているのです。これが、導入コストの必要なクレジットカード決済やNFC決済に比べて、中国でQRコード決済が急速に普及した理由の1つです。

　たとえばコンビニなどで数百円単位の商品を購入する際、わざわざクレジットカードで支払う人は日本ではほとんどいないでしょう。しかし中国では、**タバコ1箱、肉まん1つといった安価な買い物で、キャッシュレス決済が当たり前のように使われています**。日本人は「数百円なら現金で」、中国人は「数百円でもキャッシュレスで」という感覚です。こうした考え方の違いも、キャッシュレスの後進国と先進国の差を広げている要因の1つと考えられます。

中国のキャッシュレス社会の現状

中国国内の決済事情（2017年）

● モバイル決済件数

375億5,200万件

● スマホ決済総額

202兆9,000億元
（およそ3,412兆円）

中国のコンビニでの支払い

005

中国のキャッシュレス事情②
現金での支払いは厄介者扱いされる

チェーン店ですら現金を使うと顰蹙を買う?

　中国のキャッシュレス決済の普及度は先に述べた通り、**「現金で支払うほうが少数派」**といっても過言ではありません。様々な店舗でキャッシュレス決済ができ、今では物乞いが寄付用のQRコードを持っているとさえいわれています。特に中国都市部では決済方法の中心がキャッシュレスになっているため、現金で支払おうとする人は周囲に対して気をつかわなければならないのが現状です。一部に「現金お断り」という店舗も現れ、逆に問題となるほどです。

　たとえば中国のマクドナルドには、現金レジが存在しない店舗があります。代わりに、**カード決済用レジとスマートフォン決済用のセルフレジ**が設置されており、それらを使って支払いを行うのです。では、支払いの手段が現金しかないという客はどうすればよいのでしょうか？　そのような場合は、店内のスタッフに頼むしかありません。現金で支払いたい旨をスタッフに申し出て、別のレジで支払いを行います。現金払いへの対応は、忙しいスタッフからすると非常に面倒な作業であり、その客のことを厄介だと思うでしょう。つまり、**中国での現金支払いはイレギュラーな決済方法である**ということです。

　中国ではマクドナルドだけではなく、様々な店舗でレジの無人化が進んでいます。日本でも最近耳にするようになった「無人コンビニ」も、中国ではすでに続々と誕生しており、日本との差がどんどん広がってきているといえます。

1　キャッシュレス決済が変える世の中の「しくみ」

ファストフードでの支払いにも現金は使わない

中国で現金利用者は厄介者

中国のマクドナルド

006

中国のキャッシュレス事情③
生活費や給与もスマートフォンで管理

スマートフォン決済は単なる支払いツールではない

　たとえば仕事の給与をオンラインで送金してもらい、スマートフォンで即日確認できる。給与は現金として銀行から引き出す必要はなく、そのままスマートフォンを使って買い物ができる。こうしたキャッシュレス決済の未来像は、中国ではかなり現実味のある話となっています。**アルバイト代をオンライン支給**している個人商店もすでに登場しているそうです。

　中国では、スマートフォンの決済サービスは「預金口座」のような使われ方をしています。日本のSuicaのように必要な分のお金をその都度チャージするというのではなく、生活に必要なお金を決済サービス上でまとめて管理しているのです。振り込まれた給与を銀行からすぐに引き出し、決済サービスに全額チャージしておくことも珍しくありません。**中国人にとって、スマートフォンの決済サービスはもはや単なる支払いツールではなく、**生活に欠かすことのできないインフラになっているのです。

　中国でキャッシュレス化がここまで進んでいる背景の1つに、**サービス提供会社の巧妙な戦略**が考えられます。詳しくは第2章で説明しますが、一例を紹介すると、「決済サービスにチャージするだけで高い金利がつく」というサービスがあります。こうしたサービスの充実は、キャッシュレス決済サービスを口座代わりにする大きなモチベーションとなっています。

中国の生活費や給与の管理方法

お金はすべてスマートフォンの中で管理

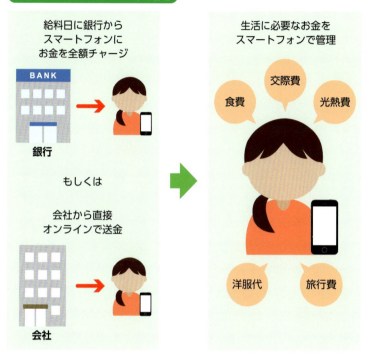

チャージしておくだけで金利がつくサービス

007

中国のキャッシュレス事情④
病院の前払いをキャッシュレス化

病院の順番待ちもキャッシュレス決済で解消

　中国では買い物だけでなく、様々な支払いにキャッシュレス決済を利用することができます。たとえば、家賃や光熱費、タクシー料金やシェア自転車の利用料、さらに病院の治療費の支払いにおいても、スマートフォンを使ったキャッシュレス決済が可能となっています。

　病院でのキャッシュレス決済は、中国でもニュースになりました。歴史遺産の街として知られる浙江省にある浙江大学医学院附属第一医院が**QRコードによる決済を導入し、患者は現金を持たずに診療を受けられるようになったのです。**

　海外の病院では、受診前にデポジット（預かり金）を支払うしくみになっていることがあります。中国でも、検査や薬の処方前に必ず前金を支払うのが基本です。受診前に支払いが必要なことから、受付に長蛇の列ができてしまい、それが病院側の課題となっていました。それがQRコードを使った決済方法を取り入れたことで、一気に解消したのです。

　浙江大学医学院附属第一医院では、受付時にアリペイのQRコードをスマートフォンに登録しておくことで、すべての診療費を自動で支払えるしくみを導入しました。これまで受付から診療までに約2時間40分を要していたのに対し、導入後はそれが1時間以内になったといいます。現在では、北京にある北京中医医院もキャッシュレス決済に対応しているそうです。今後、中国ではさらに多くの病院にキャッシュレス決済が広まっていくことが予想されます。

キャッシュレスで病院の待ち時間を大幅に短縮

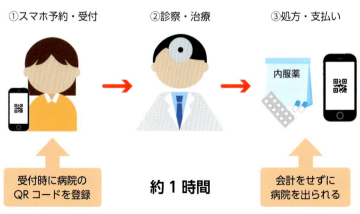

出典:「浙江新聞」

008

銀聯カードとアリババ、テンセント

中国でキャッシュレスが普及した2つの背景

　中国でここまでキャッシュレス決済が普及したのはなぜでしょうか？　それにはいくつかの理由がありますが、まずは2つの背景を押さえておく必要があります。

　まず1つは、**「銀聯カード（ぎんれん）カード」**の存在です。銀聯カードは中国政府の主導で普及が進められた決済カードで、多くはデビットカードとして発行されています。現在、世界の総発行数は50億枚にものぼり、中国でのシェアは9割を誇るといわれています。なぜ政府主導でカード発行が行われたかというと、**それ以前の銀行決済システムが銀行や省ごとにバラバラで**、他行間の送金や省をまたいだ同行間の送金でトラブルが生じていたためです。これを解決すべく、2002年に中国人民銀行を中心にした金融機関連合体「銀聯」が設置され、カードの発行に至りました。そこから、中国全土に「現金を使わない決済」の文化が根付いていったのです。

　もう1つは、**「IT企業の台頭」**です。インターネットとスマートフォンが中国に浸透する中で、2つのIT企業が頭角を表します。それが、**「アリババグループ」**と**「テンセント」**です。アリババグループは2004年からECサイト「タオバオ」を、テンセントは2011年から中国版LINEともいえるメッセンジャーアプリ「WeChat」を提供し、爆発的な人気を獲得しました。そして両社が取り組んだのが、**「QRコードを使った決済サービス」**の提供です。タオバオとWeChatの膨大な数のユーザーがその利便性に魅了され、キャッシュレス決済は急速に市民権を得るようになっていったのです。

政府・銀聯・中国IT企業の関係

銀聯カードの発行

決済システム統一のため、政府主導で銀聯カードが発行された。

ここから中国で「現金を使わない決済」の文化が根付く

アリペイとWeChatペイの登場

アリババのECサイト「タオバオ」から「アリペイ」、
テンセントの「WeChat」から「WeChatペイ」の提供が開始された。

009
銀聯VSアリペイ
キャッシュレス覇権戦争の行方

寡占が続く市場に新風を吹かす銀聯の巻き返し

　中国では現在、キャッシュレス市場の覇権争いが激化しています。政府主導の銀聯が発行した「銀聯カード」がキャッシュレスの火付け役となり、続いてIT企業のアリババとテンセントが参入しました。この2つの企業が提供する「アリペイ」と「WeChatペイ」によってQRコード決済が急速に普及したことはSec.08で触れた通りです。そこから市場は、アリババとテンセントの寡占状態にありました。しかし、このパワーバランスに変化が訪れる可能性が出てきたのです。

　その理由が、銀聯による巻き返しの戦略です。2017年5月、銀聯はアリペイより13年、WeChatペイより4年遅れて**「銀聯QRコード決済」**の提供をスタートさせました。銀聯QRコード決済は同年12月にリリースされたアプリ**「QuickPass（雲閃付）」**内の機能の1つでもあり、お金の受け取りや送金、公共料金の支払いなども行え、アリペイやWeChatペイに類似する機能が充実しています。QuickPassは、以前同じ銀聯が提供していた「UnionPay Wallet」に比べて約67％利用者を増やすことに成功しましたが、アリペイの寡占状態を崩すほどの普及は見せていません。

　そこで銀聯は次の手段として、2018年4月に**WeChatペイとの提携**を発表します。これには、銀聯カードをバックに持つ海外展開に強い銀聯QRコード決済、そして中国国内に強いWeChatペイ、双方の強みを生かす戦略があります。この連合が、トップをひた走るアリペイにどのような影響を及ぼすのか。中国のキャッシュレス市場は、さながら三国志の様相を呈しています。

銀聯とWeChatペイが提携してアリペイの寡占を崩す

銀聯とWeChatペイの提携

- QuickPass が伸び悩んでいる
- 銀聯カードは海外市場に強い

- ユーザーがアリペイに流出
- WeChat ペイは国内市場に強い

打倒　アリペイ

銀聯が提供する「QuickPass」

010

中国のキャッシュレス普及の背景①
利用者側・店舗側の利便性の高さ

> **消費者の支払いが手軽になり、店舗の業務も軽減される**

　中国でキャッシュレス決済が生活インフラとなるまでに至ったのは、**消費者とサービス提供者の双方に大きなメリットがあったからです。**

　まずは、消費者の場合です。現金決済の場合、お店でほしい商品を買うためには、銀行で現金を引き出し、それをしまっておく財布、さらには財布をしまっておくバッグが必要です。商品購入時にはお金を数えて店員に渡し、受け取ったお釣りを財布にしまい、さらに財布をバッグにしまいます。それに対してキャッシュレス決済では、**スマートフォンにQRコードを表示し、店舗の読み取り端末で認証してもらえば支払い完了です。**スマートフォンの普及が早く進んだ中国では、この手軽さが多くの人に受け入れられたのです。

　次に、サービス提供者の場合です。現金決済ではお客から現金を受け取り、レジ打ちを行ってお釣りを渡します。決済時以外にも、現金の管理や精算など多くの作業が発生し、店員の労力がかかります。それに対してキャッシュレス決済では、**支払いは消費者が自分で行い、また必要な決済作業のほとんどをアプリが処理してくれます。**そのためレジの混雑や人手不足、お釣りの間違いなど、小売業に起こりがちな問題も解消します。

　このようにキャッシュレス決済は、消費者とサービス提供者双方にメリットをもたらすのです。こうした利便性の高さが、キャッシュレス決済普及の基本的な要因として考えられます。

キャッシュレスは支払いにかかる労力が減る

従来の支払い

消費者

準備
- 銀行で現金を引き出す

⬇

購入商品の会計
- 財布をバッグから出す
- お札、小銭を出す
- お釣りを受け取って確認
- 財布をバッグにしまう

店舗

準備
- 十分なお釣りを用意
- 人手の確保

⬇

購入商品の会計
- レジで商品情報を読み込む
- 受け取ったお金を数える
- お釣りを渡す

⬇

その他
- 売り上げの照らし合わせ
- 翌日のお釣りの用意
- 銀行への預金

キャッシュレスでの流れ

消費者

購入商品の会計
- スマートフォンを出す
- QRコードを読み込む
  または表示させる

店舗

購入商品の会計
- レジで商品情報を読み込む
- QRコードを表示させる
  または読み込んでもらう

1　キャッシュレス決済が変える世の中の「しくみ」

011

中国のキャッシュレス普及の背景②
自国通貨への不信感

中国のお金は偽札が多く、国民は現金を信用していない

　中国におけるキャッシュレス普及の2つ目の要因が「自国通貨」に対する不信感です。実は中国人の多くが、自国の通貨を信用していません。なぜなら**中国人民元は偽札が多い**のです。ATMを利用すればかなりの確率で偽札が混じるといわれるほど、偽札が流通しているのです。そのため銀行はもちろん、小さな商店にも「偽札鑑別器」が設置されており、スマートフォンショップでは「偽札鑑別機能付きスマートフォン」まで売られています。中国メディアは、巨額の偽札の押収劇をたびたび報じています。このような環境を考えれば、**中国人が現金を安心して使えない、それどころか現金に対して不信感すら抱いている**ということが理解できます。

　またこれに加えて、**最高額紙幣の貨幣価値が低い**ことや、**現金の扱いが悪く紙幣が汚い**こと、**治安がよくない**ことも、キャッシュレス化のきっかけになったと考えられます。元の最高額紙幣は100元ですが、これは日本円にして約1,700円です。1万円の商品を購入する場合、日本円なら1万円1枚で済むところ、中国元では100元札を6枚ほど用意しなければなりません。しかし、偽札が多く盗難も多い中国では、**多くの現金を持ち歩くことはリスクが大きい**といえます。

　ただしここで気を付けたいのが、上記の理由がQRコード決済の普及に直接影響を与えたのではないということです。中国では、QRコードを使った決済よりも早くSec.08で紹介した銀聯カードが普及し、すでにキャッシュレス文化が確立されていました。あくまでも背景の1つとして考えておきましょう。

1　キャッシュレス決済が変える世の中の「しくみ」

中国人が現金を持ち歩きたくない理由

偽札の流通

中国には大量の偽札が流通していて、国民は不安を持ちながら現金を使用していた。

現金が汚い

中国人はお金の扱い方が悪く、紙幣が汚れていたりしわしわになっていたりする。

貨幣価値が低い

中国元の最高額紙幣である100元は、日本円にして約1,700円ほど。高額な買い物には、多くの現金を持ち歩く必要がある。

治安がよくない

中国は治安がよくないため、現金を持ち歩いていると犯罪に巻き込まれる可能性がある。

012

中国のキャッシュレス普及の背景③
システムの導入が低コストで可能

初期費用や運用費用を抑えて環境を整えることができる

　これまでは、キャッシュレス普及の背景を主に消費者側の視点から解説してきました。ここでは、店舗などのサービス提供者側から普及の背景を見ていきましょう。店舗側でのQRコード決済普及の大きな原因として考えられるのが、**システム構築・導入コストが安価である**ということです。たとえば店舗でクレジットカード決済に対応するとなれば、最初に専用の決済端末をサービス提供会社から購入する必要があります。さらに、これまで使用してきたレジのPOSシステムと新しい決済端末を連動させる必要もあり、システム構築のための手間やコストがかかります。

　それに対してスマートフォンを使ったQRコード決済では、**店舗側のスマートフォンやタブレットに専用アプリを入れるだけ**で、最低限の決済環境が整います。クレジットカード決済端末のように決済だけにしか使用できないということではなく、普段利用しているスマートフォンを決済端末として使うことができます。また店舗側でスマートフォンなどのモバイルデバイスを用意できなくても、QRコードを印刷した紙やボードを用意することでも決済に対応することができます。たとえば電源のない路上のマーケットでも、QRコード決済であれば決済環境を整備できてしまうのです。

　このように**設備投資にお金をかけられない中小の事業主や一時的な店舗などでもかんたんに導入できる**ことが、キャッシュレス普及の大きな要因であったといえます。

クレジットカード決済とQRコード決済の導入の流れ

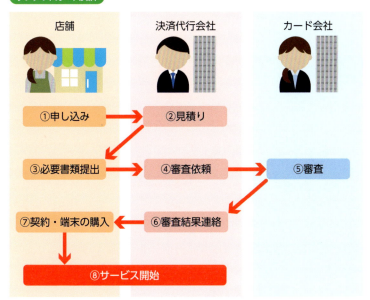

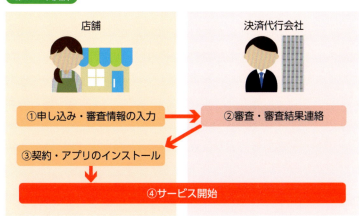

013

キャッシュレス化のメリット①
現金決済に必要な業務が減る

サービス提供者の決済業務の効率化が図れる

　ここからは、中国の事情のみではなく、キャッシュレス決済の普及によって日本でも享受できるだろうメリットを紹介していきます。キャッシュレス化のメリットとして最初に考えられるのは、店舗などのサービス提供者が行う**「決済業務の効率化」**です。Sec.12でも触れましたが、サービス提供側がキャッシュレス決済に対応するのに、特別な設備は必要ありません。またSec.10で説明したように、決済処理は非常にかんたんな作業で完了します。店舗側が行うのは、注文や商品の会計スキャンだけです。わざわざお釣りを数えて手渡す作業も不要です。

　またキャッシュレス決済は、バックエンドの業務も効率化してくれます。すべては決済アプリ上で数字として管理されるため、紙幣や硬貨を分類して集計したり、1日の売り上げと現金を照らし合わせたりする必要はなくなります。売り上げ金の預金や集荷、明日の釣り銭の準備も必要ありません。店舗の規模次第ではあるものの、**ほとんど手間をかけずに決済業務を行うことができる**のです。

　お金に関わる作業の労力を大幅に削減できることは、店舗経営にとって非常に大きなメリットをもたらします。**現在では、あらゆる産業において商品がコモディティ化（一般化）しています。ルーチン業務に時間を割くよりも、経営戦略を練る**ことによって、業績アップにつながるアイデアが生み出されることのほうが重要なのです。

キャッシュレス化によって店舗側の決済業務が減る

現金決済に必要な店舗側の業務

お釣りを数えて渡す

銀行への預金

紙幣と硬貨の分類
翌日のお釣りの準備

売り上げの照らし合わせ

決済業務が軽減することで、より重要な業務に時間を割くことができる

経営戦略や商品開発

店舗メンテナンス

新人の教育

接客スキルの向上

014

キャッシュレス化のメリット②
現金化までの時間が短縮する

お金の回りが早くなればメリットが増える

　小売業をはじめとするビジネスでは、店舗を経営するうえで**キャッシュフロー（お金の流入・流出）に対する意識が重要**になります。店舗がクレジットカード決済を導入した場合、クレジットカード払いの消費者に対応できるメリットがある反面、あらかじめ決められた入金サイクルに応じて、口座に売り上げが振り込まれるまでのタイムラグが生じます。店舗では、店舗の賃料や光熱費、仕入れ費の支払いなど、継続して現金が必要になります。振り込みまでのタイムラグによって現金が手元にないという事態は、経営上のデメリットになりやすいのです。

　一方のQRコード決済では、最短で翌日の入金も可能であり、**商品代金の清算から振り込みまでのタイムラグを圧縮する**ことができます。つまり、QRコード決済によって得た売り上げは、すぐに現金化できるということです。売り上げをすぐに現金化できるということは、お金の回りが早くなるということです。その結果、新商品の開発や店舗の拡大、スタッフの増員など、今後の展開への余力が生まれることにもつながります。

　クレジットカード決済のキャッシュフローにおけるデメリットは、今後カード会社が改善を進めていくことが予想されます。しかし、現状ではいまだQRコード決済の側に優位性があるといえるでしょう。キャッシュレスと現金の間にある入金サイクルのギャップが解消されることで、キャッシュレスのメリットもより強く感じられるようになるはずです。

売り上げが入金されるまでの時間と流れ

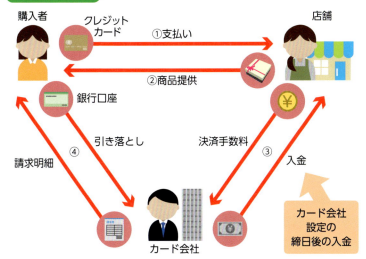

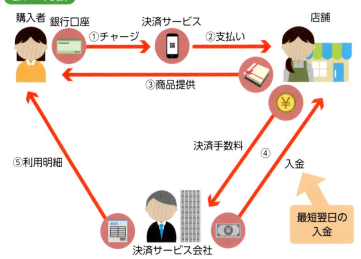

015

キャッシュレス化のメリット③
犯罪抑止のための対策が行いやすい

犯罪を未然に防ぐ取り組みが可能

　お金を持たなければ、当然現金を盗まれる心配はありません。日本は、他国に比べて強盗などの犯罪は少ないですが、その数がゼロとはいえません。路上でのひったくりやコンビニ強盗など、現金目的の犯罪は各地で発生しています。これらの犯罪が起きる理由は、結局のところ**「現金があるから」**で、キャッシュレスが普及すれば生じない問題なのです。

　スマートフォンでQRコードを見せればあらゆるものを購入できる中国では、泥棒やスリなど、**現金目的の犯罪が減っている**といいます。多くの人が現金や財布を持ち歩かないため、路上には犯罪者の目的になるものがないのです。また偽札工場も激減し、コンビニ強盗の発生も驚くほど少なくなったそうです。

　ただしここで注意しておきたいのが、**キャッシュレス化を進めても別の犯罪が起こる可能性がある**という点です。実際に、クレジットカードを介した詐欺被害などは、日本でもたびたび報じられています。しかしキャッシュレスの場合、現金よりも犯罪への対策が行いやすいと考えられます。

　たとえばクレジットカードでは、不正な取引を自動検知して被害を未然に防ぐ努力やICチップの搭載、オンライン決済の認証を強化するなどの施策を行っています。QRコード決済も、アプリに生体認証を使ったセキュリティ機能を搭載するなど、ITを活用した対策を行っています。このような取り組みを実行できることから、キャッシュレスは現金よりも安全であるといえるでしょう。

キャッシュレス化で犯罪が減った

犯罪者が盗めるものがなくなったが…

キャッシュレス化によって
財布を持たなくなったことで、
スリなどの犯罪が大幅に減った。

ところが、クレジットカードの
不正利用や偽QRコード詐欺など、
キャッシュレスならではの新たな
犯罪が発生している。

様々な技術で犯罪を未然に防ぐ

クレジットカード

・不正な取引の自動検知
・ICチップの搭載
・オンライン決済の認証の強化
　　　　　　　　　　　　　　など

QRコード決済

・アプリのパスワードロック
・様々な生体認証
・数分ごとのコード更新
　　　　　　　　　　　　　　など

016

キャッシュレス化のメリット④
決済以外のサービスを受けられる

キャッシュレス決済アプリは支払い以外の機能も充実

キャッシュレス決済は、決済環境だけでなく、様々な側面から私たちの生活を効率化してくれます。中国で多くのユーザーを持つキャッシュレス決済アプリには、**「家計簿機能」**がついています。お金を使った（または受け取った）そばから、出入金を自動で記録してくれます。ユーザーは家計簿をつけることなど意識せずに、アプリを確認するだけでお金の動きを把握できます。「どのくらいのお金があり、いくら使ったのか」をリアルタイムで知ることができるので、使いすぎも防いでくれます。家計簿アプリは日本にもありますが、主に現金の管理を目的にしています。そのため家計簿アプリで出入金を記録するためには、スマートフォンを使ったレシートの撮影や入力作業などが必要になります。キャッシュレス決済により、こうした手間をかけずに自分のお金の流れを管理することができるのです。

中国のキャッシュレス決済アプリには、そのほかにも生活に便利なサービスがあります。たとえばホテルやレストラン、カーシェアリングなどの検索・予約・決済を行える**「予約機能」**があります。また口座の残高が足りなければ、**「消費者金融機能」**を利用できます。面倒な審査などはなく、アプリの履歴がユーザーの信用を証明して、不足額を借りることができます。

このように、**決済以外の様々なサービス機能があることが、中国におけるキャッシュレス決済の普及を支えてきました**。ユーザーの利便性を様々な角度から向上させてくれるのが、キャッシュレス決済なのです。

アプリ内のサービスで生活も充実

家計簿も決済アプリで管理

キャッシュレスなら…

レシートを確認してまとめる

すべてアプリで管理

中国の決済アプリの多様なサービス

017

キャッシュレス化のメリット⑤
お金の流れの透明性が向上する

お金がデータになるため、不正利用ができなくなる

「現金ほど信頼性のあるものはない」。日本では多くの人がそう信じているかもしれません。しかし、それは事実のようで、実は誤りでもあります。なぜなら、「現金ほど不確かなものはない」からです。財布の中のお金は手に取ることができ、紛れもなく自分のお金であることを実感できます。しかし、**そのお金が「どこから来たものか」、また購入や支払いをすると「どこへ行くのか」**といった現金の流れは、誰も正確に把握することはできません。

現金という存在の見えにくさは、たびたび不正に利用されることからも明らかです。たとえば脱税です。確定申告で売り上げを低く見せ、経費を嵩ませ申請する。赤字に見せかけて、多くの控除を受ける。本来ならば罰せられることですが、現金を中心とした社会ではまかり通っています。それは上述したように**現金の流れが不透明**だからで、申請が本当なのか嘘なのか、税務署には申告以外の事実はわからないからです。実は現金は、「信頼」や「安心」に足るものとは言い難いのです。

一方のキャッシュレス決済では、現金のような脱税を行うことはできません。**お金は「データ」としてしっかり記録されている**ため、Aさんに送金したBさんのお金がその先どう移動していったのか、送金履歴を見れば一目瞭然です。すべての決済がQRコードで行われるようになれば、お金の流れが透明なものになり、不正を行うことが困難になるのです。実際に韓国では店舗にカード決済を義務付けることで、脱税防止を図っています。

お金の流れが見えるようになる

現金はお金の流れが不透明

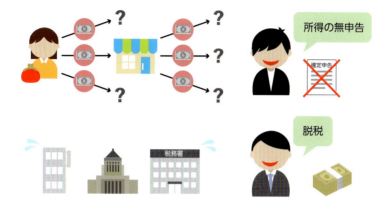

現金の流れが不透明であることを利用し、
確定申告を行わない個人事業主や脱税を行う企業がいる。

キャッシュレスはお金の流れが透明

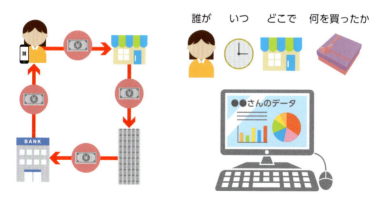

キャッシュレス決済ではお金の流れが
データ化され、透明なものになる。

018

キャッシュレス化のメリット⑥
政府や企業がデータを活用できる

消費者の行動分析・マーケティングが容易になる

　前節で、キャッシュレス決済ではお金がデータになると説明しました。それは、「誰が」「何を」「いくらで」「どのくらい購入したか」という「お金の動き」がわかるということです。そして、その情報を分析することで、**消費者の行動や趣味・嗜好が見えてきます**。サービス提供者にとって、これほど魅力的なことはありません。データ化されたお金の流れを追いかけることで、商品やサービスが世の中に受け入れられるかどうかの詳細なマーケティングが可能になるからです。

　中国最大手のキャッシュレス決済アプリを提供する企業「アリババ」は、ユーザーから多様なデータを採取しています。**アプリの登録に必要な学歴や年齢、職業といったユーザーの情報と決済履歴を分析してサービス開発に生かすほか、ユーザーの信用度を測る指標にしているのです。**

　このような個人データの活用は、実は中国政府の政策に結び付いています。政府は「安心・安全・快適な社会の実現は個人のプライバシーに優先する」として、**データの分析結果にもとづいて人の良し悪しを決める社会**を作ろうとしています（Sec.35参照）。「自分の知らないところでデータが使われている」と思うと、不安を抱く人も少なくないでしょう。しかし、それは現在のインターネットの利用においても日常的に行われていることです。それをどこまで許容するのか拒否するのか、そのような判断が迫られる社会が近付いているのかもしれません。

個人のデータを企業や国が利用する

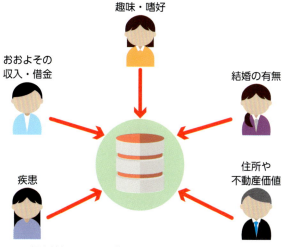

個人情報をすべて「見える化」し、そのデータを
マーケティングなどのビジネスや
快適な社会づくりに利用することができる。

1 キャッシュレス決済が変える世の中の「しくみ」

Column

キャッシュレス化が進むことにデメリットはあるのか?

　社会のあり方を大きく変えようとしているキャッシュレス革命は、一見メリットしかないように感じるかもしれません。しかし、キャッシュレス化の進展に伴うデメリットもあります。

　たとえばSec.15で解説したように、キャッシュレス化に伴う犯罪に巻き込まれるという懸念があります。また財布とスマートフォンの違いを考えると、財布は紛失しない限りお金を収納し続け、いつでも使うことができるのに対し、スマートフォンは電子機器ですから、当然、バッテリーが切れれば決済には使えません。

　また、キャッシュレス決済ではお金を「データ」として管理します。お金がデータになることで、決済アプリの影響を強く受ける懸念があります。アプリ提供会社の運用システムにトラブルが生じれば、決済アプリが突然使えなくなってしまう可能性もあります。こうなると、ユーザーのなす術はありません。

　さらに、ジェネレーションギャップが生じることも大きな問題でしょう。デジタルネイティブ世代の若者であれば、スマートフォンで決済を行うことになんら苦手意識はありません。しかし、そうではない世代にとっては、かなりのハードルになることも予想されます。

　そしてキャッシュレス化が進み、上述のようにお金の流れがデータになると、企業などによる決済履歴の監視・管理が行われます。中国では信用社会を築くためにこのデータが有効活用されていますが、1円単位で個人の決済事情が把握されてしまうプライバシーのない未来に、日本人の多くは不安を覚えることでしょう。

Chapter 2

アリペイが支える「中国」キャッシュレスの躍進

019
キャッシュレスの鍵は
スマートフォン+QRコード

決済サービスのあり方を激変させたキャッシュレス決済

　キャッシュレスの新潮流として注目を集めたバーコードには、普段よく見る商品に印字されたバーコードの「1次元コード」と、QRコードと呼ばれる「2次元コード」の2種類が存在します。QRコードは、1994年に日本の「デンソーウェーブ」が発表したもので、既存のバーコードよりもかんたんに商品情報を読み取ることを目的として開発されました。その後QRコードは**企業のホームページやキャンペーン参加への誘導**など、多くの小売業や産業、サービスによって活用されてきました。

　QRコードの可能性をさらに押し広げたのが、スマートフォンの登場です。これまではQRコードを読み取る端末が別途必要だったのが、**「スマートフォンのカメラからQRコードを読み取る」**ことが可能になったのです。そしてこの「スマートフォンとQRコードの組み合わせ」を決済システムに応用したことで、消費者はQRコードを提示するだけで商品を購入でき、小売業者はQRコードを読み取るだけで決済できるようになりました。この消費者と小売業者双方のメリットによって、QRコードを使った決済方法が広く普及することになったのです。

　またSec.16で触れた家計簿機能のように、**お金にまつわる様々なサービス提供**も、QRコード決済の一般への普及を促しました。QRコード決済サービス会社にとって、お金に関わる様々なサービスを提供することは、顧客の囲い込みを実現するための重要なビジネス戦略となっています。スマートフォン+QRコードは、**消費者、小売業者、サービス会社の三者にメリットをおよぼす決済システム**なのです。

スマートフォンがQRコードを決済システムへと発展させた

生産・出荷・伝票作成　　　　　製品の識別

QRコードは当初、生産・出荷・伝票作成など、流通に伴って
発生する作業を効率化するためのものとして開発された。

QRコードの可能性を広げたのはスマートフォン

これまで専用の端末が必要だった
QRコードの読み取りが、スマートフォ
ンでできるようになった。

QRコードの読み取りの手軽さを決済システムに応用

互いに
QRコードを表示する
QRコードを読み取る
だけで決済できるように
なった。

020
QRコードはカード型・非接触決済よりも幅広く普及する?

繰り広げられるキャッシュレス時代の覇権争い

　スマートフォンを活用した決済サービスには、QRコード以外にも**「NFC」(Near Field Communication)** という近距離無線通信技術を活用した**非接触型の「タッチ決済」**があります。日本で利用されているNFCの代表的なものとして、カード型の「Suica」「PASMO」や、スマートフォンで利用する「おサイフケータイ」「Apple Pay」などがあります。このNFCは、QRコード決済とどのような違いがあるのでしょうか？　また、キャッシュレス決済の主役として、日本で今後普及が進むのはどちらでしょうか？

　NFC決済とQRコード決済の大きな違いは、**物理的制約の有無**にあります。NFC決済は、たとえばおサイフケータイ対応のスマートフォンでなければ利用できないといったように、どんな端末でも決済が行えるわけではありません。また店舗側も、NFC決済対応の専用リーダーを導入する必要があります。それに対してQRコード決済では、スマートフォンにQRコード決済に対応したアプリを入れるだけで利用できるため、物理的な制約がありません。

　こうした利便性を考えると、QRコード決済のほうが普及しやすいと考えられるかもしれません。しかし、**SuicaやPASMO、おサイフケータイはすでに日本の生活にある程度定着しています。**また決済サービスを担う事業者や業界団体などには、セキュリティに関する脆弱性などを理由に、QRコードを積極的に推進しない姿勢もあります。どちらが勝利者となるのか、予測の難しい状況であるといえるでしょう。

利便性を考えるとQRコード決済が勝る

NFC決済の場合

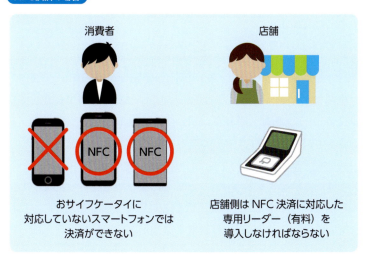

QRコード決済の場合

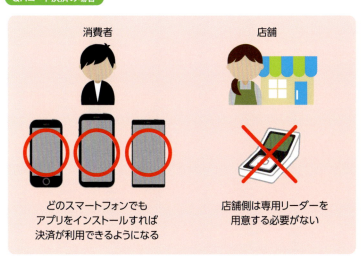

021
中国の2大キャッシュレス決済 アリペイとWeChatペイ

アリペイ・WeChatペイ普及の背景に巨大なITサービスあり

　中国でキャッシュレス決済が生活インフラとなるまで成長した背景には、**「アリペイ（支付宝）」**と**「WeChatペイ（微信支付）」**という2つの決済アプリの存在があります。どちらも中国では知らない人を探すほうが難しいぐらい、圧倒的な支持を集めているサービスです。このように聞くと、「とても便利な機能を持った決済アプリだから中国で広まったのだろう」というイメージを持つかもしれません。しかし、この2つの決済アプリが広く普及した理由はそれだけではありません。実はアリペイとWeChatペイには、決済サービスの浸透以前に潜在ユーザーがあらかじめ存在していたのです。

　この2つのアプリは当初、**すでにあるサービスの付帯機能**として登場しました。アリペイは**アリババグループ**が運営するECサイト「タオバオ（淘宝）」の決済機能として、WeChatペイは**テンセント**が運営する中国版LINEともいえるメッセンジャーアプリ「WeChat（微信）」の決済機能として登場したのです。

　タオバオは、2003年のサービス開始から2年足らずでオークションサイト「eBay」を抜き、中国のECサイトランキング1位になりました。またWeChatは、2018年時点で月間アクティブユーザーが10億人を超えたと発表されています。アリペイのサービス開始は2004年、WeChatペイのサービス開始は2013年です。タオバオとWeChatという主要サービスの利用ユーザーを背景として、アリペイ、WeChatペイは中国に幅広く浸透していったのです。

タオバオとWeChatの既存ユーザーを取り込んだ

タオバオ（ECサイト）

利用ユーザー

アリペイ

タオバオユーザーが
そのままアリペイの
ユーザーに

⬇

現在のユーザー数
約8億人以上

WeChat（チャットアプリ）

利用ユーザー

WeChat ペイ

WeChatユーザーが
そのままWeChat
ペイのユーザーに

⬇

現在のユーザー数
約3億6,000万人以上

022
中国キャッシュレス決済普及の立役者アリペイ

アリペイの包括的サービスが消費者の生活を包み込む

　アリペイは現在、**約8億人以上のアクティブユーザー**（2018年12月時点）を持ち、QRコード決済を含む**中国のスマホ決済市場で54％のシェア**を占めています。スマートフォンのアプリというと頻繁に新しい機能が追加されるものですが、アリペイも同様にアップデートを繰り返し、**金融サービスを主軸とした様々な機能が追加されてきました**。現在ではアリペイの中に「ローン・投資銀行サービス」「保険サービス」「資産運用サービス」「信用情報サービス」といった各種サービスが組み込まれ、もはや決済という枠組みを超えてサービスの範囲が広がっています。運用会社のアリババグループも、自ら「ライフスタイル・スーパーアプリ」を標榜しています。**生活に関わる包括的なサービスを利用できる**のが、アリペイというわけです。

　さらにアリペイでは、消費者向けだけではなくサービス提供者に向けた「コウベイ（口碑）」と呼ばれるサービスの提供も行っています。コウベイは、中国のレストランやショップの口コミ閲覧・投稿サイト「Discover（口碑）」にクーポンやセール情報を掲載できるサービスです。このようにOtoOの集客が期待できるサービスは日本にもありますが、アリペイのユーザー数やDiscoverを経由した決済金額総額が約1兆2,000億円にのぼること（2016年第4四半期）を考えると、その影響力には歴然とした差があるといえるでしょう。現在コウベイは日本からでも利用可能で、店舗情報などをアリペイアプリ上に掲載することができます。

アリペイは中国の「ライフスタイル・スーパーアプリ」

中国トップのシェアを誇るアリペイ

● アリペイのユーザー数

2018年12月時点で
約8億人

● スマホ決済アプリシェア率

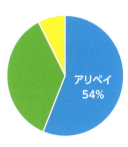

出典:「MIT Technology Review」

アリペイの機能

決済

支付宝
(アリペイ)

ローン

螞蟻小貸
(アントクレジット)

投資銀行

網商銀行
(マイバンク)

保険

相互保
(シャンフーバオ)

資産運用

余額宝
(ユエバオ)

信用情報サービス

芝麻信用
(ジーマしんよう)

023 チャット機能の付帯サービス WeChatペイ

WeChatペイは「コミュニケーション」と「お金」の融合

　WeChatペイの背景に中国版LINEともいえる「WeChat」があることはSec.21で触れた通りです。今やWeChatは、世界に10億人もの月間アクティブユーザーを持つといわれています。対して、日本でなじみのあるLINEのユーザー数は約1億6,400万人です。この差を考えると、いかにWeChatが世界に浸透しているかがわかるでしょう。

　その10億人のユーザーを持つWeChatに2013年から追加された機能が、WeChatペイです。現在約3億6,000万人が利用しているといわれており、**中国のスマホ決済市場のシェア38%**を占めています。アリペイよりは若干低いものの、ほかの競合サービスはほとんど皆無で、事実上、**市場はアリペイとWeChatペイの寡占にあります**。

　WeChatペイでの決済はQRコードの読み取りによるもので、アリペイとほとんど変わりません。しかし、WeChatペイには**アリペイにはない機能**があり、それが人気を支えています。

　たとえば友人と食事をしたときに、WeChatペイでは「割り勘機能」を利用して、WeChat上で友人との間で割り勘払いができます。また「送金機能」で、WeChatを介してかんたんにお金を送金できます。さらに「ホンバオ（紅包）機能」では、お祝い事などにお金を送り合う中国独自の風習をWeChat上で行うことができます。このようにWeChatペイの特徴は、**コミュニケーションツールであるWeChatを活用しながらお金を扱える**という点にあります。「コミュニケーション」と「お金」を融合させたところに、WeChatペイの強みがあるのです。

WeChatペイは中国の「コミュニケーションアプリ」

アリペイと並ぶ中国の決済アプリ

● WeChatペイの月間ユーザー数

2018年4月時点で
約3億6,000万人

● スマホ決済アプリシェア率

出典：「MIT Technology Review」

WeChatの機能

決済

微信支付
（WeChat ペイ）

チャット

微信
（ウェイシン）

電話

視頻通話
（シーピントンファ）

信用情報サービス

騰訊征信
（テンセントクレジット）

タクシー配車

滴滴出行
（デイデイチョーシン）

ゲーム

遊劇
（ユーシー）

024
アリペイとWeChatペイの使い分けとは?

同じQRコード決済でも出自が異なる2つのサービス

　ここまで、中国の決済アプリはアリペイとWeChatペイの2つが広く普及していると説明してきました。では、中国人はこの両者をどのように使い分けているのでしょうか?

　日本人がクレジットカードの「VISA」と「MasterCard」の違いをあまり意識していないように、中国人は**アリペイとWeChatペイを明確に区別しているわけではない**ようです。それでも、「タオバオではアリペイ決済のみ」「JingDongではWeChatペイ決済のみ」といったように、企業側の戦略によってどちらかを選択せざるを得ない場合もあり、その際は利用時にどちらを選択するか意識することになります（P.92参照）。

　使い方に明確な区別がないとはいえ、その出自の違いから、**「アリペイは金融・決済サービス」「WeChatペイは決済機能がついたチャットツール」**と考えることは可能です。アリペイは、タオバオの決済機能として活用されていたサービスが店頭決済で使えるようになり、生活の場で爆発的に普及しました。それとともに様々な便利な機能が拡充され、**「お金に関わるサービスを包括的に利用できるアプリ」**となって今に至ります。一方のWeChatペイは、チャットツールであるWeChatとの連携という強みから、個人間送金やホンバオ、割り勘など**「コミュニケーションに関わるお金のやり取り」**に多用されています。

　両者はスマホ決済市場としては競合であるものの、このような違いから、うまく棲み分けが行われているのかもしれません。

アリペイとWeChatペイの違い

025
アリペイの1日の決済額は楽天1年分の流通総額に匹敵する

アリババグループの取扱高は世界トップ

　アリペイを誕生させたアリババグループが運営するECサイトの年間流通額は、世界で見ても桁違いです。2017年の**流通総額は3兆7,000億元（約62兆円）**にのぼり、世界第1位となっています。日本でもおなじみのAmazonの2016年の流通総額がおよそ3,000億ドル（約30兆円）ですから、その約2倍にのぼります。また日本のEC大手楽天の2017年度の流通総額は3兆4,000億円ほどですが、この額は2018年11月11日の「独身の日」のセールでアリババが1日で手にした取引高2,135億元（約3兆4,900億円）と変わらない数字です。いかにアリババが巨大な市場を持っているかがわかります。

　それゆえ、アリペイの決済額も莫大です。**アリババの流通総額のおよそ8〜9割がアリペイ経由によるもの**といわれ、シェアは2017年の流通総額3兆7,000億元のうち、3兆元（約50兆円）を占めるといわれています。また、アリペイの2016年の決済額2兆30億元（約32兆円）に対し、2012年の決済額はおよそ3,000億元（約5兆円）となっており、急速な成長を遂げていることがわかります。

　さらに最新の動向として、「アリペイ.net」によると、現在のアリペイ利用者数は8億人を超え、**1日あたりの決済件数は1億580万件、決済額は200億元（約4,000億円）**となっています。そしてアリペイ決済に対応する店舗は4,000万件にのぼり、2017年の2万2,000件から約2倍も増加しました。オンライン、オフライン双方で成功を手にしたアリババとアリペイは、加速度的にシェアを伸ばしているのです。

アリババの年間流通総額は世界的にも桁違い

アリババと日本のECサイトの比較

出典：アリババグループ「FORM 20-F」「Alibabanews.com」
Nasdaq「Amazon Vs. Alibaba:GMV, Revenue & EBITDA」
楽天「2017年度通期及び第4四半期決算説明会」資料

アリペイの決済額

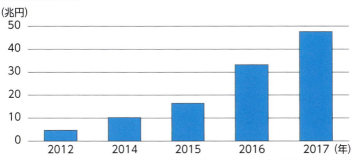

出典：Stockclip「世界のEC企業トップ5の流通総額を比較」

026
アリペイはなぜここまで急成長したのか?

アリペイが急成長した理由には2つの社会情勢が絡む

　なぜアリペイは、ここまで急速に市民権を得てきたのでしょうか？　数字の微増を続けていたアリババグループは、**2013年後期〜2014年を境に飛躍的な伸びを見せ、現在に至ります**。この理由には、2つの社会情勢がありました。

　1つは**「規制緩和」**です。アリペイの成長が微増を続けていた2013年前期まで、中国では店頭でスマートフォン用の決済アプリを展開することには規制が設けられており、銀聯カード（Sec.08参照）が市場を独占していました。しかし2012年に政権が変わり、金融分野への新規参入規制緩和の機運が高まったことで、状況は一変します。2013年7月には**「銀行カード収単（アクワイアリング）業務管理弁法」が中国人民銀行によって公布され、店頭決済への参入が可能となった**のです。これがアリペイをはじめとする、決済アプリが店頭に浸透する"火種"となりました。

　もう1つは**「スマートフォンの普及」**です。中国では、2003年に流行した「SARS（重症急性呼吸器症候群）」に起因して、人々が外出を控えるようになりました。このときインターネットの利用者がさらに増加し、**ECサイトの利便性も広く認知**されるようになります。その中で登場したのがスマートフォンです。パソコンよりも手軽で、場所を問わずにショッピングができる便利さに、多くの人々がスマートフォンを利用するようになりました。さらに先述の規制緩和によって、決済アプリの普及へとつながっていきます。このような背景により、アリペイは爆発的な普及を見せていったのです。

アリペイを広めた中国の社会情勢

規制緩和でアリペイのシェアが上昇

2012年に金融分野への参入規制が緩和され、
そこに新たに参入したアリペイがシェアを伸ばした。

中国でのスマートフォンの普及

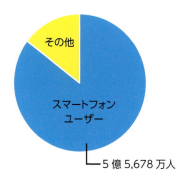

中国のインターネット人口は2000年から急速に増加。
2014年のインターネット利用者数は6億4,875万人で世界最大。
うち86%の5億5,678万人がスマートフォンユーザーだった。

出典：CNNIC「第35次中国互換網発展状況統計報告」

027
世界的な大企業となったアリババグループとは？

アパートの一室から始まった会社が世界の巨大IT企業に

　アリペイを展開するアリババグループは、今や時価総額55兆円を誇る、**世界第8位の巨大IT企業**です。2014年のニューヨーク証券取引所への上場時には2,300億ドルをつけ、初上場にしてトヨタ自動車の時価総額を超えました。アリババは1999年の設立当初からITを活用したビジネスを展開していましたが、2003年、ECサイト「タオバオ」を開始。2004年のアリペイの開始へと続きます。アリババというと、**このタオバオやアリペイなどのイメージが強いのですが、実はほかにも様々なサービスを展開しています。**

　たとえばECサイトとしては、タオバオ以外に「テンマオ（天猫）」というサービスを展開しています。タオバオがCtoCを軸とするサービスであるのに対し、テンマオはBtoCであることが特徴です。また、BtoBのオンライン卸売市場「1688.com」や、世界中の人々が中国メーカーから直に商品を購入できるオンライン小売市場「アリエクスプレス」もあります。さらにECサイト以外の事業として、中国版YouTube「YOUKU」などのメディア事業、旅行サイトや出前サービスといったローカルサービス事業、AWSやAzureの中国版ともいえるクラウド事業を展開しています。このようにEC事業以外にも数多くのサービスを展開し、巨大な利益を上げているのがアリババグループなのです。設立時のメンバーはたったの18人で、事務所はアパートの一室だったといいます。そしてこのサクセスストーリーを一代で築き上げた人物が、2018年10月時点でのアリババグループの会長である**「ジャック・マー」**なのです。

アリババグループは世界的なIT企業

アリババグループが展開する事業

eコマース

淘宝网 Taobao.com　TMALL天猫
AliExpress　1688

決済

※金融事業は2014年より関連企業のアントフィナンシャル社が運営

エンターテインメント

ニューヨーク証券取引所上場時の時価総額（2014年）

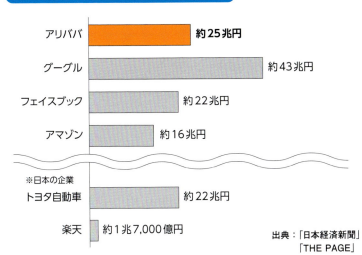

- アリババ　約25兆円
- グーグル　約43兆円
- フェイスブック　約22兆円
- アマゾン　約16兆円

※日本の企業
- トヨタ自動車　約22兆円
- 楽天　約1兆7,000億円

出典：「日本経済新聞」「THE PAGE」

028
アリペイを成功に導いたジャック・マーの信念

ジャック・マーの強い思いが中国を変えた

　アリババグループの創業者であり会長の**「ジャック・マー」**は、三輪自動車の運転手から大学へ進学、英語講師を経て、アリババグループを設立しました。中国国内にとどまらず世界のIT業界の寵児にまで登り詰めた彼は、惜しくも2018年9月10日に引退を表明しています。彼は「チャンスは常に人々の不満の中にある」「1つのことに打ち込まなければ何も成し遂げられない」「諦めることが最大の敗北」など、数々の名言を残してきました。その中で、イノベーターとしてのジャック・マーの姿勢がよく表れている言葉として**「銀行が自ら変わろうとしないのであれば、私たちが変えてみせる」**というものがあります。2004年、タオバオの決済方法がまだ銀行振り込みしかなかった時代に、彼は消費者の利便性を考え、手数料や振り込み処理にかかる負担の軽減を銀行に打診しました。この言葉は、そこで銀行から門前払いを受けた際のものだそうです。しかし現在のアリペイを見れば、ジャック・マーの信念が中国の銀行を変えてみせたことがわかります。

　また、こんな事例もあります。アリペイの実店舗展開が始まろうとする2013年6月、アリババはアリペイと連動する資産管理サービス**「ユエバオ（余額宝）」**をリリースしました。お金を預ければ銀行よりも大幅に高い金利（当時年4〜7%）を得られるこのサービスは、中国の低〜中所得者に瞬く間に普及しました。わずか1年で開設口座数1億、資産運用規模総額7億元を突破したのです。これが、**市民が銀行ではなくアリペイを選んだ瞬間**だったのです。

アリババグループの創業者 ジャック・マー

ジャック・マー

写真提供：アリババグループ

- **1964年**
  中国浙江省杭州市に生まれる
- **1982年**
  受験に2度失敗し、
  三輪自動車の運転手として働く
- **1988年**
  講師として英語と国際貿易を教える
- **1998年**
  政府機関の中国対外経済貿易
  合作部に所属
- **1999年**
  アリババを創業
- **2003年**
  タオバオを開設
- **2013年**
  ユエバオを開設
- **2018年**
  引退を表明

市民の多くが利用するユエバオの誕生

2004年にジャック・マーは銀行に消費者の負担軽減を訴えたが門前払いを受ける。

銀行が変わらないならアリババが変えてみせるという信念を持つ。

029

アリペイを使った決済のしくみ

アリペイの決済のしくみと利用方法

このように中国で広く普及するアリペイですが、**2018年12月時点で、日本人がアリペイを利用することは現実的ではありません**。アリペイを利用するためには、「身分証明書」「中国国内でSNSが使える携帯電話番号」「クレジットカード」もしくは「中国の銀行口座」が必要です。さらに外国人はパスポートも必要で、中国への短期出張者や旅行者でも利用のハードルが高く手続きも煩雑なため、日本人によるアリペイの利用はほぼ不可能といってもよいでしょう。とはいえ、今なおシェアを拡大させているアリペイは、海外展開も積極的に行っています。近々、日本企業と手を組み**「アリペイの日本版」**をリリースさせるという噂もあるようです。またSec.54で解説するように、日本の店舗でアリペイを導入することは可能です。

アリペイを使った決済では、アリペイアプリにチャージされている残高での支払いと、事前に登録しているクレジットカードからの支払いの、どちらかを選択できます。また商品購入時には、アプリ内で「付銭」と「掃一掃」のどちらかを選びます。付銭は**「自分のQRコードを表示させる決済方法」**で、表示したQRコードを店頭の端末で読み込んでもらうことで決済を行えます。掃一掃は**「自分でQRコードを読み取る決済方法」**で、店頭に設置してあるQRコードをスマートフォンで読み取ることで決済を行えます。

最近では**WeChatペイが国際クレジットカードに対応し、日本人も利用できるよう**になりました。アリペイを日本人が利用できるようになる日も、近い将来訪れるかもしれません。

アリペイの決済方法

銀行口座
クレジットカード・デビットカード
アプリにカードや口座情報を登録

アリペイ
あらかじめお金をチャージ
（不足分はカードから支払われる）

付箋
自分のQRコードを表示

掃一掃
店のQRコードを読み取る

請求

入金

アリババ
（日本の場合は決済代行会社）

店舗
アリペイによる
決済手続きが行われる

2　アリペイが支える「中国」キャッシュレスの躍進

030
アリペイは個人の信用を スコアで表す

消費者の信用をスコアリングする「芝麻信用」

アリペイには、**「芝麻(ジーマ)信用」**というしくみがあります。芝麻信用は、個人や法人の信用度を数字によってスコアリングしたもので、**ユーザーの決済履歴をはじめとする様々なサービスの利用結果を集約して分析し、個人の信用度として表現しています。**

芝麻信用では「アリペイの決済履歴」「タオバオなどでの購入履歴」「公共料金や罰金の支払い履歴」「シェアリングエコノミーサービスでの評価」「保有金融資産の価値」「社会貢献につながる寄付」などの情報をもとに、スコアリングが行われます。スコアは350〜950点の間で、「350〜549点は信用度がやや低い」といったようにランク付けされています。「何気ない行動が勝手に評価されてしまうのか」と不満に思う人がいるかもしれませんが、実際のところアリペイユーザーの反応はネガティブなものばかりではないようです。それは、**ランクが上がれば上がるほど、ユーザーは特典を受けられる**からです。

芝麻信用によるスコアリングの特典には「自動車ローンの融資条件の優遇」「消費者金融サービスの限度額の増加や利率の減少」「賃貸物件の保証金が不要または減額」などがあり、利用者はこれらの特典を受けるために、ランクアップできるような行動を常に心がけているのです。

このように魅力的な面がある芝麻信用ですが、中国は社会主義国家です。こうした個人情報が、**政治利用される可能性もゼロではない**点には留意が必要です。

芝麻信用のスコアリング

スコアの内訳

身分特質
社会的なステータス

消費の動向（嗜好）

履約能力
支払い能力

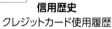

人脈関係
交友関係

信用歴史
クレジットカード使用履歴

スコアで得られる優遇

スコア	基準	優遇内容
950-700	750点以上	空港で専用レーンの通行が可能になる。ルクセンブルクのビザが取りやすくなる。
700-650 / 650-600	700点以上	シンガポールのビザが取りやすくなる。
600-550	650点以上	レンタカーや図書館の利用で保証金が不要になる。
550-350	600点以上	自転車のレンタルやホテル予約の保証金、賃貸の敷金などが不要になる。

031
アリペイで投資信託・後日払い・消費者金融が可能

アリペイに連携する様々な金融サービス

　ここでは、アリペイと連携する様々な金融サービスを紹介していきます。Sec.28でも紹介した**「ユエバオ（余額宝)」**は、預け入れた資産を管理・運用できる、投資信託のようなサービスです。一般的な投資信託のように年数の縛りはなく、解約も1元（約17円）から可能です。アリペイとの間で手軽に資金移動を行うことができるため、アリペイユーザーの間では、ユエバオは投資信託サービスというよりも**アリペイ口座**であるという認識が広まっています。ユエバオに預金すると年4%の金利を得られ、「アリペイにチャージしておくだけでお金が増える」というイメージはここに由来しています。

　また、アリペイには「仮想クレジットカード」機能の**「フアベイ（花唄)」**があります。アリペイでの決済時にフアベイを選択すれば、決済代金が後日引き落としになるというものです。芝麻信用で、一定ランク（600点以上）のユーザーが利用できます。クレジットカードのように年会費はなく、現在急速に普及しています。

　3つ目が、**「ジエベイ（借唄)」**です。いわば消費者金融サービスで、アリペイアプリからアイコンをタップするだけでキャッシングサービスを受けることができます。フアベイ同様、芝麻信用で一定ランクを持つユーザーが対象ですが、ほかのキャッシングサービスに比べて借入金利が良心的であることが特徴です。

　アリペイにはこのように、ユーザーの生活に密着した様々な金融サービスがあります。今後を見据えれば、さらなるサービスが生まれ、連携が進んでいくかもしれません。

アリペイの金融サービス

● ユエバオ (余額宝)

中国初のオンライン投資信託サービス。ユエバオは年4%の金利を得られるため、アリペイユーザーの多くがユエバオに資金を預けている。安全性の高い金融商品で運用されているため、元本割れのリスクは低いとされている。

● ファベイ (花唄)

仮想クレジットカード機能。決済の際にファベイを選択すると、クレジットカードのように支払いが翌月に繰り越される。自動返済機能があり、銀行口座やユエバオなどから自動的に引き落とすことも可能。

● ジエベイ (借唄)

アプリ内でキャッシングサービスを受けられる機能。芝麻信用のスコアによって、キャッシング可能な金額が変わる。他社よりも金利設定が良心的なため、利用するアリペイユーザーが増えている。

032

アリペイは個人間送金もスムーズ

個人間送金サービスでも先を行くアリペイ

　個人間でお金のやり取りを行うアプリが、日本でも近年数多くリリースされています。またFacebookでも、2017年10月からMessengerを使ったPayPal経由の個人間送金が可能になりました。今後、世界規模で個人間送金サービスが普及していくと予想されています。

　これまで個人間の送金は**銀行振り込み**が一般的でしたが、相手に銀行口座を知らせる必要がある、わざわざ銀行やATMに行く必要がある、手数料が発生する、着金をリアルタイムで確認しづらいなど、利便性とは程遠いものでした。その結果、もっとも手軽ともいえる手渡しが浸透してきたわけですが、必要なときに必ず現金を持っているわけではなく、また遠方の相手とはやり取りできないなど、個人間送金は煩わしいものでした。

　一方のアリペイでは、**スマートフォンどうしでかんたんに個人間送金を行うことができます**。たとえばAさんがBさんにお金を送りたいという場合、BさんのQRコードをAさんが読み取るだけで送金が行われます。送金相手が近くにいない場合は、相手のアリペイID宛に入力した金額を送金できる機能もあります。その際、**手数料は一切かかりません**。アリペイなら、遠方の家族や友人との間で手軽にお金の送金、貸し借りができるのです。また、アリペイには**「チンミーフー（親密付）」**というユニークな機能があります。これは、親密な関係にある相手の代わりに支払いを行えるサービスです。これにより、子どもがほしい商品を親に連絡し、親が子どもの代わりにその商品の支払いを行う、といったことが可能になります。

面倒な個人間のお金のやり取りもかんたんに

従来の個人間送金

- 金融機関名や口座番号などの情報を相手に知らせる必要がある

- 入金が確認できるまでに時間がかかる

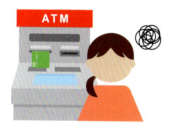

- 銀行やATMまで足を運ぶ必要がある

- 時間帯や金額によっては手数料を支払わなければならない

アリペイの個人間送金

送金したい相手のQRコードを読み込むだけ!

手数料→ゼロ
かかる時間→ゼロ

033
アリペイで自動車ローンや住宅ローンも可能に？

芝麻信用から始まるローン業界のイノベーション

　Sec.30で紹介した芝麻信用は、様々な業種で消費者の信用度を測る物差しとして活用されています。その中でもひときわユニークなのが、**ローン（融資）**です。ローンというと、自動車でも住宅でも数多くの書類を用意しなければならず、さらに審査を通って初めてローンを組むことができるなど、非常に煩雑です。しかし、その面倒な手続きにアリペイは変革のメスを入れたのです。

　2018年3月、広州市に**「車の自動販売機」**が誕生しました。アリババグループが、中古車マッチングサービスを提供する中国のスタートアップ「Souche」と組んでオープンさせたものです。車の自動販売機という構想にもインパクトがありますが、さらに画期的なのが、**購入手続きに芝麻信用を活用している**という点です。消費者が一定基準以上の信用スコアであれば、それに応じたローン可能なプランが表示され、瞬時にローンの申し込みが可能になります。そして、購入した車もその場で受け取ることができるのです。つまり、従来であれば本人確認書類や印鑑証明など煩雑な方法で行われてきた信用確認が、芝麻信用のみで行われているということです。

　そのうち、マンションや戸建てなどの住宅購入も芝麻信用でローン申し込みが行えるようになり、**スマートフォンがあれば家を買える時代**がやってくるのかもしれません。日本人にはいまだ想像しづらい世界ですが、中国ではアリペイによって新しい消費スタイルが生み出されようとしているのです。

ローンも芝麻信用でスムーズに申し込みできる

ローンの手続き

本人確認　　　印鑑証明　　　書類による審査

アリペイと芝麻信用があればローン手続きが不要

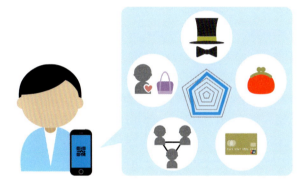

車の自動販売機

申し込み・　　自動販売機から　　気に入ればそのまま
保証金の支払い　貸し出された車を試乗　アリペイから購入

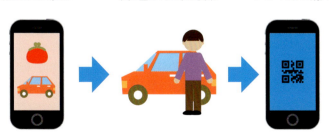

034

アリペイの収益源は？

アリペイはどこから収益を得ているのか？

　個人間送金の手数料は無料、店舗の決済手数料もほとんどかからない。アリペイが絶大な支持を集めている理由が、ここにあります。それに対して、旧来のキャッシュレス決済ではこうはいきません。一般的なクレジットカードの場合、決済時に**加盟店側に3～5％（日本での相場）の手数料**がかかります。消費者が1,000円の商品をカードで購入した場合、数十円が決済サービス会社から引き落とされるのです。これは、常に営業努力を強いられ、よいものを安く売らなければならない店舗側には明らかなデメリットだといえます。

　一方、決済サービス会社からすればこれは当然のことです。店舗に代わって決済業務を行っているのですから、そこにかかる労力として手数料を設けているだけのことです。無料にしてしまえば、決済サービス会社は収益を上げることができなくなります。では、アリペイはなぜ破格の決済環境を整えることができたのでしょうか？

　アリペイには連携サービスがあると先述しましたが、これがその理由です。仮想クレジット機能のフアベイ、金融サービスのジエベイの手数料、様々な業者が芝麻信用を導入する利用料など、**アリペイ自体が収益を上げなくても、連携サービスで収益が入るしくみになっているのです**。また、アリペイアプリに表示される広告や、光熱費や税金といった公共料金の支払いの際に入る各機関からの手数料も、収益につながっています。このように、**アリペイの認知、活用が拡大することで自然に収益が増えていくビジネスモデルを構築した結果、アリペイは莫大な収益を上げることに成功したのです**。

アリペイの連携サービスで利益を得ている

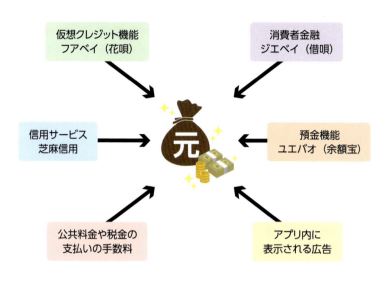

アリペイは登録料が無料、決済手数料もほとんどかからないため、アリペイ自体では大きな収益を得られない。

アリペイの連携サービスが大きな利益を得ることで、アリペイによる間接的な収益が生まれる。

035
アリペイの利用履歴はビッグデータとして活用される

膨大なデータを生み出し活用するアリペイの戦略

　アリペイが単なる決済アプリにとどまらず、生活のあらゆる場面で利用できるサービスを展開してきたことは、これまでに説明してきた通りです。そしてそこにこそ、アリペイ最大の強みが隠されています。芝麻信用のスコアは、様々なサービスの利用によって得られた**「位置情報」「消費行動」「嗜好」「学歴・収入」**などのデータがもとになっています。そして、そのデータをもとに、アリババは新しいサービスを開発しています。つまり、**ビジネスのネタが自然に集まる環境**を整えているのです。

　サービス提供会社にとって、**顧客情報はビジネスの源泉**です。情報が多ければ多いほど、詳細であればあるほど、消費者のニーズを掴むサービスを開発しやすいからです。しかし、それだけのデータを手に入れるためには、莫大なコストと労力が必要となります。それをいともたやすく、かつ半永久的に手に入るしくみで運営されているのがアリペイなのです。アリペイのビジネスモデルは、まさに情報化社会におけるビジネスのお手本であるといえるでしょう。

　ジャック・マーは、顧客データのことを「石油」と呼んでいたそうです。そしてその石油を手に入れるために、「収益ありき」ではなく、**「いかに認知されるか、利用されるか」**に重点を置いてビジネスを展開してきました。このように、サービスが利用されることで得られたデータをもとに新しいサービスを作り、さらにその新しいサービスが、次のサービスを生むためのデータを生んでいくという正のスパイラルこそ、アリババの強みであるといえるのです。

顧客情報をかんたんに手に入れるアリペイの戦略

利用履歴が残るアリペイにより、ビジネスに活用できる顧客情報が半永久的に手に入るしくみが確立された。

036
アリペイのセキュリティ・補償はどうなっているのか?

決済の不安を払拭するためのアリペイの対策

　中国におけるキャッシュレス決済の爆発的な普及は、消費者に利便性を与える一方、セキュリティリスクをもたらしました。現に、2017年頃から**キャッシュレス決済を狙った詐欺**も発生しているようで、今後はその手法の多様化も懸念されます。アリペイでは、現在どのようなセキュリティ対策を行っているのでしょうか。

　アリペイは、2つのセキュリティ機能を搭載しています。1つは**「パスワードロック機能」**で、アリペイアプリを立ち上げるときなどにパスワードを入力することによって認証を行います。もう1つは**「多様な認証方式」**です。2014年に中国通信事業最大手の「ファーウェイ」と提携し、**「指紋認証」**を導入しました。スマートフォンに指紋を登録し、アリペイアカウントと連動させることによってセキュリティを強化しています。また2018年には、登録した画像を認証に用いる**「画像認証」**も登場しています。好きな画像を登録しておくと画面に複数の画像が表示されるので、そこから自分が登録した画像を選ぶという認証方式です。さらに店舗側においては、来店客の笑顔を認証する**「顔認証」**を2017年に導入しています。

　このような認証方式の拡充に加え、アリペイは**ハッキング被害に対する補償**も公表しています。スマートフォン～アリペイ間で通信詐欺が行われた場合、かつユーザーに大きな過失が認められない場合は、被害額を補填してくれます。多数のユーザーを抱える大きなサービスであるからこそ、ユーザーの不安をできる限り解消する努力が行われています。

アリペイはセキュリティ機能と補償を完備

セキュリティ

● パスワードロック

アリペイアプリを起動する際に、パスワードの入力を求める。

● 指紋認証

通信事業者と提携し、スマートフォンに登録した指紋をアリペイアカウントと連動。

● 画像認証

事前に登録しておいた画像を、表示された複数の画像の中から選ぶ認証方法。

● 顔認証

アリペイアカウント登録者の笑顔を識別する認証方法。

保証

● 補償

ハッキング詐欺に遭ってしまった場合、被害額を補填してくれる。

037
中国政府による QRコード決済の規制が進む

政府の介入はQRコード決済普及の希望か暗雲か？

　QRコード決済は便利な反面、NFCを利用する決済に比べて、**セキュリティ面の脆弱性が高い**といわれています。実際、中国では複数の詐欺事件が発生しています。その中でも有名なのが、**フィッシングサイトへの誘導**です。消費者が店舗側のQRコードを読み取って行う場合の支払い方法を対象に、偽造QRコードを仕掛けるというものです。偽のQRコードを読み取らせて不正サイトに誘導し、消費者が決済を行うと、アリペイ口座から決済金額が引き出されてしまいます。ロイターによると、こうした手口の詐欺による被害は、広東省だけで55億円にもなるとのことです。中国政府はこうした事態を重く見て、**QRコード決済に対する規制**を発表しました。中国人民銀行が2018年4月に施行した「QRコード決済業務の規範（試行版）」では、**消費者がQRコードを読み取るタイプの支払いの場合に、限度額が設けられるようになりました。**

　また中国人民銀行は、2018年6月からQRコード決済市場に新たな決済システムを導入しました。これまで、アリペイなどの決済サービス会社は銀聯を介せず、契約銀行と直接取引を行っていました。しかしこの決済システムの導入により、銀行とのやり取りは人民銀行が新設した「網聯（ワンリェン）」や銀聯を介さなければならなくなったのです。目的は、**政府の監視による安全な取引環境の担保**だといわれています。しかしこのようなシステムの導入がQRコード決済の手数料に影響を与える懸念もあり、今度の動向が注視されています。

QRコード決済に人民銀行が詐欺対策の規制を設ける

> **QRコード決済による詐欺事件が多発**

> **中国人民銀行が行った対策**

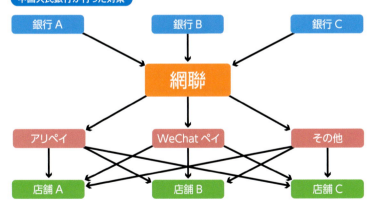

中国人民銀行が全銀ネット「網聯（ワンリェン）」を開設。
アリペイなどのすべての決済事業者は網聯を通して
取引をしなければならないしくみを導入した。

038
世界のQRコード決済事情はどうなっている?

QRコードによるキャッシュレス決済は世界で活況

　中国だけでなく、アリペイやWeChatペイのようなQRコード決済は世界で活況を見せています。まず、中国人の9割が所有する銀聯カードの運営元である銀聯が、2017年に**QRコード決済に参入**しました。アリペイやWeChatペイに大きく水をあけられているものの、50億枚の発行数を誇るブランドの力は大きいといえます。そして銀聯は2018年6月26日、カナダの中国銀行と提携し、同国のFoodymart全店でQRコード決済を導入したことを発表しました。

　中国と並ぶキャッシュレス先進国のスウェーデンでも、QRコード決済は普及しています。決済アプリ「Swish」は、QRコードに加え、**電話番号で支払いを行う**ユニークな機能を搭載しています。

　アジアでは、インドがQRコード決済普及国として知られ、複数のアプリがひしめき合っています。その中でも「Paytm」は2010年から始まった比較的新しいアプリですが、**インド国内の決済アプリの登録ユーザー数では首位**を独走しています。しかし、インドの決済システムを統括する「NPCI」が規格統一に乗り出しており、今後のシェアには変動があるかもしれません。

　またフィンテック大国のアメリカでは、**決済サービス企業やIT企業以外の企業によるQRコード決済市場参入が続いています**。Apple Payなどへの対抗として銀行大手のJPモルガン・チェース銀行が「Chase Pay」を、小売大手のウォルマートが「Walmart Pay」をリリースしました。QRコードを使ったキャッシュレス決済は、今後も世界中で拡大を見せていくと考えられます。

世界に広がるQRコード決済

●銀聯QR（中国）

銀聯が2017年から展開。2018年6月には三井住友カードが銀聯QR決済を日本初導入した。

●Swish（スウェーデン）

2012年にサービス開始。スウェーデン国民の半数以上が利用しているといわれている。

●Paytm（インド）

2013年にサービス開始。インド全土に2億人の利用者がいる。日本の「PayPay」の技術提供はPaytmが行っている。

●Chase Pay（アメリカ）

大手銀行会社が2015年にサービス開始。同行のカードを利用する顧客を取り込んだ。

Column

頭打ちの中国スマホ決済市場から アリペイは世界へ

　アリペイとWeChatペイは、中国のキャッシュレス決済市場を独占し合うライバルです。それゆえ、過去には熾烈な争奪戦を繰り広げてきました。2013年には、中国版Twitter「ウェイボー」とECのタオバオが連動するという出来事がありました。ウェイボーユーザーが自身のアカウントでタオバオのサービスを受けられるようになった一方で、タオバオはECにおけるWeChat関連サービスの一時停止を発表しました。アリババは、タオバオでの決済アプリをアリペイに限定させたのです。つまり、事実上の締め出しです。こうした独占的な戦略にも、これまでアリペイが中国で巨大なシェアを誇ってきた理由があります。しかし、このような施策を今後進めても、中国市場はじきに頭打ちとなり、さらなるユーザーの獲得は狙えないでしょう。そこでアリペイが本格化させているのが、世界進出です。

　アリペイは現在、欧米、日本、韓国、東南アジアなど計26の国に導入されています。サービス連携を含めると、70の国でアリペイ決済が可能です。これを見るとアリペイは世界進出に成功している印象を受けますが、これらはすべて中国人旅行者向けのもので、現地の人が利用できる決済環境は整備されていません。それは各国の事業者の抵抗や決済習慣の違いなどによって普及が進まないからで、アリペイでさえも、グローバル展開がいかに困難であるかがわかります。しかしこうした国境という巨大な壁も、次第に軟化していくことが予想されます。各国で"中国人は財布を使わない"と報じられ、中国旅行者の決済スタイルをその国の住人が脇目で見て魅力を感じているとすれば、さしずめ中国人旅行者はアリペイの優れた営業部隊だといえるのかもしれません。

Chapter 3

日本のキャッシュレス決済「最前線」を知る

039
日本はなぜキャッシュレス化が進まないのか？

日本のキャッシュレス化を妨げている要因

　これまでQRコード決済が広がる中国のキャッシュレス事情を紹介してきました。しかし**キャッシュレスがトレンドとなっているのは、中国だけではありません**。イギリスやカナダ、スウェーデンなどでは、すでにキャッシュレス環境が広く整備されています。また、欧州中央銀行は2016年に「2018年末までに500ユーロ紙幣の発行を廃止する」と発表しています。これは犯罪抑止の理由もありますが、その背景にはキャッシュレスの浸透があると見て間違いありません。

　こうした世界の流れに対して、ここ日本ではキャッシュレス化はいまだ大きな流れにはなっていません。日本におけるキャッシュレス化の普及を妨げている要因として考えられるのが、**「根強い現金主義」「セキュリティに対する不安」「現金を扱うインフラの充実」**の3つです。日本には、支払いは現金を使うべきとする「現金主義」ともいえる文化的な背景があります。また、データとしての通貨に対するセキュリティ上の不信感があります。そして、既存の現金を扱うインフラはすでに広く普及し、高い安全性と利便性を持っています。こうした理由により、日本人はそもそもキャッシュレス化のメリットを感じにくい環境にあるといえるのです。

　しかしこうした背景を持つ日本でも、いよいよ重い腰を上げて政府が動き始めています。2018年4月に経済産業省がまとめた**「キャッシュレス・ビジョン」**が、その代表例でしょう。しかし民間や消費者のレベルでは、キャッシュレス化を進めていこうという意識がまだ低いというのが現状です。これは一体なぜなのでしょうか。

日本はキャッシュレス化が進まない

世界のキャッシュレス比率（電子マネーを除く）

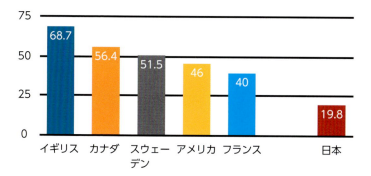

出典：経済産業省「キャッシュレス化推進に向けた国内外の現状認識」

日本のキャッシュレス化を妨げている要因

根強い現金主義

現金がいちばん安心して
便利に使えると考えている人が多い。

店舗がキャッシュレスを受け入れない

様々な理由で店舗側は
キャッシュレスに積極的ではない。

現金を扱うインフラの充実

安全性・利便性の高いインフラが充実している。

040

日本でキャッシュレス化が進まない理由①
根強い現金主義

「現金がいちばん」は日本では当然のこと

　日本でキャッシュレス化が進まない1つ目の理由として挙げたのが、「根強い現金主義」でした。日本は数ある先進国の中でも治安がよい国と評価されており、**「現金が安心だ」と実感できる環境が整っています**。現金を持って外出しても盗難や強盗に遭う確率は極めて低く、さらに財布を紛失しても交番に届けられていることが多いのです。また、日本の現金主義の根底には**「セキュリティに対する不安」**があります。日本人は現金に対する強い信頼がある一方で、往々にしてデータに対する過度な不安を持っています。ペーパーレス時代の現在でも、依然として紙による情報管理が多く、データ化による情報漏えいがあれば世間は過敏に反応します。「目に見える紙幣」に対して、「目に見えないデータ」という存在が、「よくわからないもの」という不安を煽るのかもしれません。

　さらに**偽札が圧倒的に少ないこと**も、現金が信用される大きな理由です。ATMで現金を引き出せば高確率で偽札が混じるとまでいわれる中国とは異なり、私たちが日常で偽札を目にすることはほぼありません。これは、日本の紙幣には偽札作成を防止するための非常に高度な技術が採用されているからです。

　海外では現金を持つことで生じる消費者のデメリットが複数あり、キャッシュレス化が浸透したという側面があります。しかし**日本では、このように現金に対する不安がほとんどありません**。そのため、様々なキャッシュレス決済の方法が浸透しつつも、依然として現金決済のニーズが根強いのです。

日本は治安がよくて偽札も少ない

治安がよい

海外と比べて盗難事件や偽札の流出が少なく、治安がよいので安心して現金を持ち歩ける。

万が一財布を落としても、交番に届けられることが多い。

セキュリティに対する不安

現金

データ

現金は安心安全！
お金のありがたみを感じる！
いくら使ったかがわかりやすい！

セキュリティが不安！
システムダウンしたらどうする？
個人情報が流出するのでは？

041

日本でキャッシュレス化が進まない理由②
店舗がキャッシュレスを受け入れない

店舗側はキャッシュレスの導入に積極的ではない

　キャッシュレス化が進まない2つ目の理由が、**「店舗がキャッシュレスを受け入れようとしないこと」**です。店舗側はキャッシュレスについて、**「手数料が高い」「扱いが面倒」**といった考えを持っているといわれています。店舗側のキャッシュレス導入のメリットとして決済業務の効率化が挙げられますが（Sec.13参照）、業務効率よりもコスト削減を重要視して「キャッシュレスの決済手数料は、現金決済であれば本来発生しないはずのコスト」と考える経営者もいるでしょう。また、現在はキャッシュレス決済の様々なサービスが乱立しており、複数のキャッシュレス決済サービスを導入している店舗もあります。店舗側は消費者が選んだ決済方法でその都度対応しなければならないため、利便性を高めるはずのキャッシュレス決済を「面倒だ」と感じてしまうのです。

　さらには、**「消費者が現金決済を望んでいる」**という実態もあります。消費者が現金での支払いを望むのであれば、店舗側も消費者に合わせた対応を行うしかありません。現金支払いが圧倒的に多い日本で仮に店舗側が決済方法をキャッシュレス一本にしてしまえば、現金主義の消費者は来店しなくなるでしょう。その結果、店舗の売り上げが激減する可能性もあるのです。

　これらの問題は、国がサービスの規格統一を行い、消費者や店舗側がキャッシュレスへの理解や関心を高めることで解決できます。国やサービスを提供する企業が、キャッシュレスの普及しやすい環境をつくることが期待されているのです。

店舗がキャッシュレス導入に消極的な理由

店舗・経営者側の考え

● 手数料の高さ

QRコード決済は3%ほど、クレジットカードは4～7%ほどの決済手数料が発生する。

現金決済なら発生しないコストでしょ?

仕事の効率化よりコスト削減のほうが大事!

キャッシュレスにすることで、これまでになかったコストがかかると思っている。

※実際には現金を扱うこと自体にコストがかかっている(Sec.64参照)。

● サービスの扱いが面倒

キャッシュレス決済サービスが多すぎて扱い・対応が面倒。

● 消費者が現金決済を望んでいる

現金主義の消費者が多い。

※日本人の半数以上が「キャッシュレス社会にならなくてよい」と回答した調査データもある(Sec.51参照)。

042

日本でキャッシュレス化が進まない理由③
現金を扱うインフラが充実している

過剰なインフラ整備がキャッシュレス化の足枷となる？

　日本でキャッシュレス化が進まない3つ目の理由が、**「現金を扱うインフラが充実している」**ということです。ここでは、ATMを例に説明します。日本のATMの利便性は、世界的に見ても非常に高いといえます。24時間いつでも、1日に何回でも利用が可能。1回あたりの引き出し限度額は50万円と、海外と比較してもかなり多い額になっています。海外では、ATMで1日に何回も現金を引き出していると不審者として見られるといった国まであるのとは好対照です。

　私たち日本人は生活にATMの利用が根付いているため、利便性が高いに越したことはありません。しかし、**日本のATMの充実は日本人の現金主義を象徴しており、諸外国に比べてその機能が過剰である**とも考えられています。諸外国のATMでは金額が固定で小銭の取り扱いもできないことが常識なのに対し、日本のATMは金額の任意指定、小銭の扱いが可能です。さらに機械の中でお札のしわをのばして綺麗にする機能が付いているATMまであります。

　このように、日本で現金を扱うためのインフラは、世界の標準に照らし合わせてみると良くも悪くも**ガラパゴス化**していることがわかります。日本のキャッシュレス化を進めるうえで、この問題は国際競争力の足枷となり得ます。グローバル化が進む世界経済の観点からも、日本における現金インフラのあり方を議論すべきときに来ているのです。

日本の決済インフラの現状

日本のATMの特徴

24時間利用可能　　　**お札を綺麗にする機能**

引き出し・振り込み限度額が高い

引き出し限度額　　　　　　振り込み／振り替え限度額
50万円　　　　　　　　　　50～100万円

そのほかにも…

・偽札や異物を弾く紙幣識別機能
・障がい者への配慮（物理ボタン、音声案内など）
・監視カメラでの利用者記録

　　　　　　　　　　　　　　　　　　　　など

日本人にとっては非常に利便性が高いが、
世界的に見ると、これらの充実し過ぎた機能が
日本の現金を扱うインフラをガラパゴス状態にしている。

043
日本政府が発表した「キャッシュレス・ビジョン」とは?

キャッシュレス決済の比率を倍増させる国の方策

　2018年4月、経済産業省はキャッシュレス決済の普及を目指す方策をまとめた**「キャッシュレス・ビジョン」**を発表しました。この方策では、**「2025年までに日本のキャッシュレス決済比率を40%まで引き上げる」**としています。

　キャッシュレス・ビジョンが定義する「キャッシュレス」とは、「物理的な現金(通貨)を使用しなくても活動できる状態」であり、これまで述べてきたQRコード決済のほか、NFC決済、クレジットカードやデビットカードといった決済方法の普及が含まれます。つまり、「現金決済を削減」する施策であるといえます。

　キャッシュレス・ビジョンでは、**世界のキャッシュレス動向や日本のキャッシュレスの現状、現状を踏まえた今後の方向性、具体的な対策**などがまとめられています。経済産業省のホームページからダウンロードできるので、一読してみるとよいでしょう(http://www.meti.go.jp/press/2018/04/20180411001/20180411001-1.pdf)。

　それでは、なぜ政府は国を挙げてキャッシュレス化を進めようとしているのでしょうか。消費活動への新しい利便性の提供といった側面はあるものの、それだけではありません。少子高齢化などに起因する労働者人口の減少や、現金の不透明な流通といった喫緊の課題に、キャッシュレス化が貢献できるという理由があるのです。同施策を推進させるため、産学官による**「キャッシュレス推進協議会」**も設立されました。国の主導により、今後、日本のキャッシュレス化は加速度的に進んでいくのかもしれません。

キャッシュレス・ビジョンの考え

キャッシュレス・ビジョンで掲げられた目標

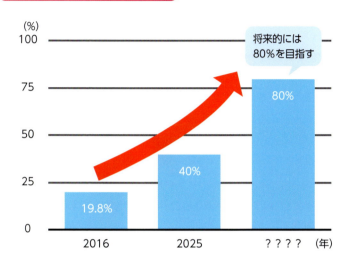

出典：経済産業省「キャッシュレス・ビジョン」

キャッシュレス化を進める理由

決済業務の効率化、省人化

現金の不透明化で起こる問題の対策

044
インバウンド戦略としての
キャッシュレス決済

観光立国を目指すうえでキャッシュレス化は喫緊の課題

　日本には、これまで車やバイク、テレビなどの分野で世界トップのシェアを誇る企業が数多くありました。しかし昨今、様々な分野で中国や韓国といった国々に先を越されつつあります。こうした事態を背景に、近年国を挙げて取り組んできたのが**「観光立国戦略」**です。

　2016年、政府によって開催された**「明日の日本を支える観光ビジョン構想会議」**により、訪日外国人の目標人数が2020年に4,000万人、2030年に6,000万人と定められました。2017年の結果は前年比19.3%増の約2,900万人と、5年連続で過去最高を更新し続けています。しかし、観光立国として長期に安定して訪日旅行者を誘致し続けられるかについては、懸念があります。その要因の1つが決済です。ここまで説明してきたように、世界ではキャッシュレス化が進んでいます。こうしたキャッシュレス化への対応に日本が乗り遅れれば、訪日旅行者がストレスを感じる理由となります。現時点で、すでに**訪日時の不便さとして現金決済が上位にランクインしています。キャッシュレス化は、外貨獲得を増大させ、日本が観光立国の実現を目指す上で欠かすことのできない武器**なのです。

　「キャッシュレス・ビジョン」が提起したキャッシュレス40%を目指す2025年までには、2019年のラグビーワールドカップ、2020年の東京オリンピック・パラリンピック、2025年の大阪・関西万博など、様々な国際イベントが予定されています。これらのイベントにどう対応できるか、観光立国としての真価が問われています。

今後日本で開催される国際イベントとその間の目標

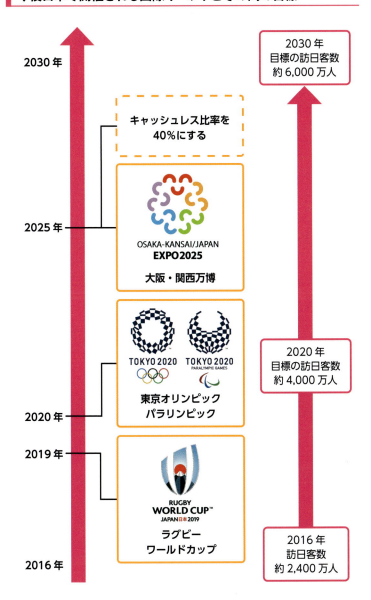

045
日本における キャッシュレス化の最新事情

キャッシュレス化の加速度的発展はすぐそこにある？

　普及こそまだ進んでいないものの、日本におけるキャッシュレス化の動きは明らかに活発化しています。キャッシュレス・ビジョン（Sec.43参照）などの具体的な目標も掲げられ、政府の施策が定期的に発表されていることを見れば、今後キャッシュレスの整備が着々と進んでいくことが予想されます。

　日本における最近のキャッシュレス化の動向として、**QRコード決済サービスの提供**が増えてきているということが挙げられます。ソフトバンク、ドコモ、auの大手3大キャリアがQRコード決済サービスを開始したり、以前から決済アプリをリリースしていたLINEがさらなるサービスの拡大を発表したりと、身近な企業が次々とキャッシュレス化に踏み出しています。また、メガバンクやキャッシュレス推進協議会（Sec.43参照）が、**QRコード決済の規格統一**を目指すことも発表されています。

　現在、日本のキャッシュレス化の流れが大きな岐路を迎えているのは確かです。消費者への新たな利便性の提供はもちろん、労働人口減に対する対策、現金の不正流通の抑止、インバウンド環境整備による外貨獲得など、キャッシュレス化によって解決しなければいけない課題は山積みとなっています。今こそ、キャッシュレス化を進めるべきタイミングなのかもしれません。

　ここからは日本におけるキャッシュレス化の最新動向を紹介しながら、「どうすれば日本でキャッシュレス環境を作ることができるのか」について考えていきます。

日本におけるキャッシュレス化の最新動向

● ソフトバンク

ソフトバンクがヤフーと共同で QR コード決済アプリ「PayPay」をリリース。
また、ドコモは「d 払い」、au は「au PAY」と、通信事業者 3 社が独自の QR コード決済サービス開始に乗り出している。

三菱 UFJ 銀行

三井住友銀行

みずほ銀行

● 3大メガバンクの提携

日本の 3 大メガバンク「三菱 UFJ 銀行」「三井住友銀行」「みずほ銀行」が主導する QR コード決済サービス「BankPay」が、2019 年から提供開始予定となっている。

● LINE

2014 年から提供されている LINE アプリ内の決済サービス「LINE Pay」が、サービスを拡大。公共料金の支払いや家計の管理、デリバリーなど、生活に関するサービスも利用できる。

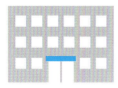

● キャッシュレス推進協議会

2018 年 7 月、経済産業省を中心とした産学官の連携組織「キャッシュレス推進協議会」が設立された。2018 年 4 月に発表した「キャッシュレス・ビジョン」の提言を踏まえ、日本のキャッシュレス化を早期に実現させることが目的とされている。

046

日本のキャッシュレス最新事情①
通信事業者の参入

大手キャリアの潜在ユーザーにどう訴求するか

　日本国内の携帯電話ユーザーは、その多くがソフトバンク、ドコモ、auといった大手通信キャリアと契約して回線を利用しています。そのためキャリア間では、日々激しい顧客争奪戦が繰り広げられています。そんな中、2018年に上記の3大キャリアがQRコード決済サービスに乗り出すことを発表しました。ソフトバンクが**「PayPay」**を、ドコモが**「d払い」**をスタートさせ、それに遅れてauも2019年4月より**「au PAY」**を提供すると表明しています。

　ソフトバンクのPayPayは、ヤフーとの共同出資による合弁会社「ペイペイ株式会社」が、インド最大の決済サービス事業者「Paytm」と提携して開発したQRコード決済サービスです。2018年12月から全国のファミリーマートへの導入も開始され、家電量販店や飲食チェーンの加盟も続々と決定しています。

　ドコモのd払いは、ドコモサービスを利用するうえで必要な「dアカウント」を作成することで、ソフトバンクやauといった別キャリアのユーザーも登録できます。d払い決済では「dポイント」を貯めることができ、1ポイント1円として支払いにも使えます。

　auのau Payは、楽天が提供する楽天ペイと提携し、決済加盟店を共同利用して一気に数を開拓していく方針を固めています。後発のこのサービスがどこまでシェアを伸ばすのかが注目されています。

　現在の認知度はPayPayが抜きん出ているといえますが、各社があらゆる戦略を立てて次々とキャンペーンやサービスの提案を行うでしょう。今後も激しい顧客の争奪戦が続くと予想されます。

通信事業者3社によるQRコード決済サービス

● ソフトバンク「PayPay」

2018年10月よりサービス開始。残高をチャージして支払うプリペイドタイプの決済アプリ。決済だけでなく、友人や知人にPayPay経由で送金することも可能。ソフトバンクは「スマホ決済におけるユーザー数No.1、加盟店数No.1のサービスを目指す」としている。

● ドコモ「d払い」

2018年4月よりサービス開始。「dアカウント」を取得すれば、キャリアを問わず誰でも利用できる。ドコモユーザーはd払いでの支払い代金を毎月の携帯電話料金と合算して支払いが可能。決済だけでなく、様々な店舗で利用できるdポイントも貯められる。

● au「au PAY」

2019年4月よりサービス開始予定。約120万件の加盟店数を誇る「楽天ペイ」を提供する楽天と提携。利用できるのはauユーザーのみだが、auのプリペイドカード「au WALLET」の残高を共用できるようにし、一気にユーザーを取り込む見通しとなっている。

047

日本のキャッシュレス最新事情②
3大メガバンクが規格統一で合意

本命に化ける可能性も？　銀行提供のQRコード決済

　QRコード決済が爆発的に普及した中国と、次世代の金融サービス「FinTech」本場のアメリカ。どちらにも共通するのは、それらが生まれた背景に**消費者の「既存の金融機関に対する不信感」**があったということです。たとえばアメリカでは、リーマン・ショックによって金融機関と消費者の間に溝が生まれ、そこから新しいサービスへのニーズが生まれました。また中国では、不透明な不良債権の実態や、国民のリスクを軽視した過剰な融資などの問題がありました。こうした問題を背景に、アメリカや中国では、本来金融業ではない企業が提供する決済サービスが抵抗なく受け入れられたのです。

　一方、**日本では銀行への信頼は変わらず根強いものがあります。**では、その銀行がQRコード決済サービスを提供すると、いったいどうなるのでしょうか。2018年、三菱UFJ、三井住友、みずほの3大メガバンクが、3行共通のQRコード規格の統一で合意。2019年にQRコード決済サービス**「BankPay」**の提供を始めると発表しました。3行の個人預金口座数は計9,000万ともいわれ、さらに3行は地方銀行にもQRコードの規格統一を呼びかけています。銀行の決済サービスの場合、銀行口座から直接支払うことが可能なため、クレジットカード登録を要する決済サービスのように、決済サービス提供会社とカード会社が提携する必要はありません。銀行が決済サービスを提供することは、システム面での合理性も高いのです。消費者からの信頼が強い銀行の市場参入は、**国内QRコード決済のシェアを一気に獲得する可能性がある**といえるかもしれません。

日本の3大メガバンクがQRコード決済サービスに参入

三菱UFJ銀行

預金口座数 約4,000万。
経常収益国内No.1。

三井住友銀行

預金口座数 約2,700万。
経常収益国内No.2。

みずほ銀行

預金口座数 約2,400万。
経常収益国内No.3。

BankPay

3大メガバンクがQRコード規格統一で合意。
2019年の実用化に向けて動いている。

日本の3大メガバンクが提供する決済サービスであれば、銀行への信頼が根強い日本人への普及が期待できる…?

048

日本のキャッシュレス最新事情③

LINE Payが100万店舗への導入を宣言

決済革命の旗手になるか？　LINE Pay手数料ゼロ戦略

　国内ユーザー数3,000万人を誇る「LINE」は、2014年から決済サービス**「LINE Pay」**を展開しています。LINE Payは、プリペイドカード方式に加え、QRコード決済にも対応した決済サービスです。2018年現在、LINE Payは広く普及しているとは言い難い状況ですが、こうした状況も2018年8月からスタートさせた新しい戦略によって大きく変化するかもしれません。

　この新戦略の中で、LINE Payは短期目標として「決済加盟店100万ヶ所」を掲げています。現在の加盟店数は約9万4,000ヶ所で、目標の100万ヶ所にはほど遠いと思われます。しかし2018年秋以降、全国72万ヶ所の導入実績を持つJCBのNFC決済「QUICPay＋」をLINE Payで利用できるようになることが決まりました。その結果、LINE Payを利用できる場所が80万ヶ所を越える見込みが立てられたのです。そして残りの約20万ヶ所を獲得するために考えられたのが、**LINE Payの店舗導入費用を無料にする**という戦略です。LINE Payの加盟店は、店舗用の決済アプリを無料でダウンロードすることができ、かつ向こう3年間は決済手数料も無料になります。これは、**少しでも決済にかかる出費を抑えたい店舗にとって、大きなメリット**となります。

　地方を歩いていても、道沿いのドラッグストアなどでLINE Payのポップをたびたび見かけるようになりました。LINEの利用ユーザー数から考えても、LINE Payはもっとも定着の可能性があるキャッシュレス決済のサービスであるといえるかもしれません。

LINE Payとは?

日本一のコミュニケーションアプリから誕生

● LINEのQRコード決済機能

誰もが利用するコミュニケーションアプリ
「LINE」の「ウォレット」機能の１つとして
QRコード決済サービス「LINE Pay」が誕生した。

● 様々なチャージ方法と支払い機能

銀行、コンビニ、クレジットカードから
LINE Pay にお金をチャージすることができ、
ネットや実店舗での買い物はもちろん、
公共料金の支払いなどもできる。

加盟店が急速に増えている

049

日本のキャッシュレス最新事情④
消費税引き上げに合わせた導入支援

増税に乗じて進められる国主導のキャッシュレス化

現在、2019年10月の消費税アップは確定的なものとされています。この消費増税は、実は**キャッシュレス化の流れと密接な関係があります**。次回の増税には、**「軽減税率」**というものが導入されます。これは飲料食品や新聞など、生活に最低限必要な商品は消費税が8％に据え置かれるというものです。そして、コンビニ大手3社や中小の小売店などでの商品購入に限り、**現金ではなくキャッシュレスで決済することで、購入代金の2％または5％がポイントとして還元される制度**も導入されます（2020年夏の東京五輪前までの9ヶ月間）。つまりキャッシュレスで決済を行うと、新しい税率10％ではなく、むしろ現在の8％よりも安い税率で買い物ができるというしくみなのです。

現時点で、ポイントの対象店舗や貯めたポイントをどのように活用できるのかといった詳細は決まっていません。ですが、決済店舗側には**決済端末などの環境整備に必要な補助金の支給、また地方の中小小売店には決済手数料の優遇などが**検討されています。こうした国が主導するキャッシュレス化の中には、クレジットカードのほか、QRコード決済も含まれています。

政府主導のサービスがどこまで浸透するのかは未知数です。政府はこの施策のために、QRコードの規格標準化を目指しています。しかし消費者と店舗がメリットを感じないものであれば、浸透しないまま終わってしまう可能性もあります。増税に伴うトップダウン型のキャッシュレス化の動きがどのようなインパクトをもたらすのか、今後の進展が気になるところです。

消費税が上がることで何が変わる？

軽減税率

● 標準税率対象品目（10%）

外食　　　　酒類

● 軽減税率対象品目（8%）

飲食料品　　　新聞

ポイント還元

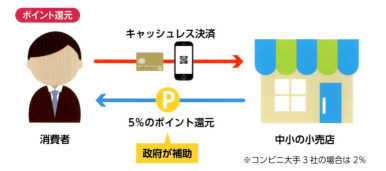

キャッシュレス決済

5%のポイント還元

政府が補助

消費者　　　　　　　　　　　中小の小売店

※コンビニ大手3社の場合は2%

キャッシュレス環境を整えるための補助

● 複数税率対応レジの導入

・複数税率対応の機能を有するレジの導入費用の補助
・複数税率非対応レジを対応レジに改修する場合の費用の補助

● 受発注システムの改修

・複数税率に対応したレジ機能サービスを、タブレットやスマートフォンと組み合わせて利用する際の導入費用の補助
・POSレジシステムを複数税率に対応するための改修費用または導入費用の補助

050

日本のキャッシュレス最新事情⑤
QRコード決済の標準化

キャッシュレス社会の未来を担う協議会が始動

「**キャッシュレス推進協議会**」は、2018年7月に設立されたキャッシュレス決済の普及を図る産学官連携組織です。経済産業省を中心に通信キャリア、小売業、銀行など約140社が初期メンバーとして参加しています。協議会が取り組む主な活動は、「QRコード支払い普及への対応」「消費者・事業者向けのキャッシュレス啓発」「関連統計の整備等」で、中でも積極的に議論が行われているのが「**QRコード支払い普及への対応**」です。

同テーマで協議会が目指しているのは、**QRコードの標準化**です。QRコード決済はコストをかけずに手軽に導入できることから、消費者、店舗双方がメリットを得ることができます。しかし昨今の各社サービスの乱立により、各サービスの採用規格がバラバラになることで消費者や店舗の利便性を損なう恐れも指摘されています。そこで**QRコードの技術的な規格を統一し、消費者・店舗にとってストレスのない環境を作っていく**ことが、この協議会の狙いなのです。キャッシュレス協議会では、QRコードを使った決済方式の検討をはじめ、QRコードに「どのようなデータを入れるか」といった技術仕様、「返金や返品対応」などの議論を行う予定となっています。

協議会の決定が消費者、店舗にとってメリットのあるものであれば、キャッシュレス決済が飛躍的に浸透する可能性があります。今後どのような規格に統一されるのかは明らかになっていませんが、この協議会の決定が日本におけるQRコード決済とキャッシュレス化の未来を担っているといっても過言ではないでしょう。

日本のQRコード決済サービスの規格はバラバラ

現在あるQRコード決済の方式

● CPM方式

・消費者のスマートフォンでQRコードを表示し、店舗の決済機器にかざす。

・QRコードと1次元バーコードの両方を表示しているケースがある。

● MPM方式

・店舗の決済機器が表示したQRコードを、消費者がスマートフォンで読み取る。

決済手段や規格の乱立によるデメリット

決済手段や規格が乱立し過ぎて、消費者も店舗側も対応が追いついていない。

・アプリAが使える
・アプリBは使えない
・決済手数料3％

・アプリAは使えない
・アプリBが使える
・決済手数料無料

・アプリAとアプリBどちらも使える
・決済手数料は異なる

QRコードが標準化すれば消費者も店舗側も対応がスムーズになり、普及しやすくなる。

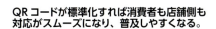

051
日本が失われた10年を取り戻すためには?

2019年はキャッシュレス元年となり得るか

　2019年の消費増税は、キャッシュレス化の流れにおいて1つの転機になると考えられています。Sec.49で述べたように、**消費者にはキャッシュレス決済の利用によるポイント還元、店舗には決済端末導入の補助金や決済手数料優遇、一定期間の減税**などが予定されています。キャッシュレス・ビジョンの目標「2025年にキャッシュレス決済比率40%」に向け、政府としては消費増税のタイミングで、キャッシュレス化の基盤を一気に整備しておきたいのでしょう。さらにSec.50で述べた**QRコードの規格統一**も急がれています。

　しかし、こうした政策が成功に至るかどうかはわかりません。日本人を対象としたある調査では、全体の8割が「QRコード決済を知らない」と回答、さらに半数以上が「キャッシュレス社会にならないほうがよい」と回答しています。店舗側にとってもシステム導入の手間やコスト、さらには決済手数料がかかるようになり、またキャッシュレス化をしたからといって顧客が増えるとは限りません。

　このように、消費者や店舗の不安や問題点を解消できなければ、トップダウンの改革は非常に難しいといえます。しかし、そこにキャッシュレス化促進の鍵があることも確かです。短期的な施策ではなく、長期に渡って消費者、店舗が**キャッシュレスのメリットを実感できる法整備**が求められます。また、キャッシュレス化に対して不安を持つ人々には、**キャッシュレス決済の魅力を感じさせられる啓発**を考えなければなりません。果たしてキャッシュレス決済を国民に行き渡らせることができるのか、政府の手腕が問われています。

日本のキャッシュレス化の発展はどうなるのか

キャッシュレス化のための日本の取り組み

● 税金・手数料の法整備

● QRコードの規格統一

しかし…

日本人の多くがキャッシュレス化に消極的

● 日本人のキャッシュレス化に対する考え

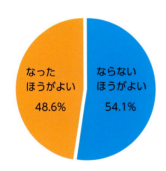

なったほうがよい 48.6%
ならないほうがよい 54.1%

【調査対象】
男性：1,803人　　女性：1,797人
計3,600人に調査

【賛成】
男性：58.7%　　女性：38.5%

【反対】
男性：41.3%　　女性：61.5%

【賛成の理由】
・現金を持たなくてよいから
・利便性が高いから
・お得だから

など

【反対の理由】
・浪費しそうだから
・お金の感覚が麻痺しそうだから
・お金のありがたみがなくなりそうだから

など

出典：博報堂生活総合研究所「お金に関する生活者意識調査」

052
キャッシュレス化の本質はエコシステムの創造にある

キャッシュレス時代に求められるビジネスの変革

　従来の「決済」サービスは、物を購入する消費行動の最終過程に関わるものでしかありませんでした。しかしキャッシュレス時代の決済サービスは、決済の範囲にとどまるものではありません。これは、アリペイ普及の背景を見ても明らかです。アリペイは当初、ECサイト「タオバオ」の決済サービスとして登場しましたが、今ではローン、投資、資産運用などの各種金融サービスと連動して展開されています。つまりアリペイは決済以外の各種サービスとシームレスに結びつけられ、「1つのエコシステム」としてユーザーに提供されているのです。その結果、アリババはアリペイを決済サービスとして完結させることなく、お金にまつわる包括的なサービスの提供という形で普及させることに成功したといえるでしょう。

　それでは、日本でアリペイのようなサービスを生み出すためにはどうすればよいのでしょうか。重要なポイントは、上述のように**「決済のみに完結しないサービス」**を生み出すということです。日本にも多数の決済サービスが存在しているものの、サービスの範囲が決済の枠を出ないものがほとんどです。「決済」「投資」といった個々の分野にこだわるのではなく、**「消費者のあらゆる活動にコミットできるサービス」**にチャレンジしていくことが求められています。従来、日本のビジネスは専業であることが尊ばれ、評価されてきました。しかし現代においては、点ではなく線のビジネスを生み出す意識が求められているのです。

アリペイは1つのエコシステムとして機能している

053
日本でもQRコード決済サービスが拡大しつつある

日本でもQRコード決済サービスが続々登場

　昨今、日本でもQRコード決済サービスの提供は拡大しています。普及率はまだまだ低いものの、様々なサービスが登場することで、次第にキャッシュレス決済が身近なものになっていくはずです。中でも興味深いのが、**決済サービスを専業としていない企業がサービスを提供している**という点です。たとえば通信キャリア大手のソフトバンク、IT企業大手のLINE、EC大手の楽天など、もともと決済事業を行っていなかった企業の参入が相次ぐ一方、従来の決済サービスの担い手であった銀行やカード会社の存在感はほとんどありません。これは、アリペイやWeChatペイがECやSNSから登場して普及を遂げたのと同じ現象です。

　こうした現状を考えると、今後大きなインパクトを与える可能性があるのは、**すでにある事業とQRコード決済とを掛け合わせ、新しい価値を創出することのできる企業**なのかもしれません。各企業がすでに持っているユーザーに対して、便利な機能として決済サービスを提案していくことは、まったくのゼロから顧客を開拓していくよりも容易なのは明らかです。

　反面、CoineyやOrigami Payのように、決済に関わるサービスを専業として行う企業も登場しています。またアリペイのように、海外からもたらされる決済サービスも無視できないものがあります。今後も数々のQRコード決済サービスが登場してくることが予想されます。業界プレイヤーが出揃ったあと、覇者となり得るのはどの企業なのか。しばらくは目を離せない状況が続きます。

日本で広がるQRコード決済サービス

決済ビジネスが専業ではない日本の会社のサービス

d払い　　LINE Pay　　楽天ペイ　　PayPay

決済・金融ビジネス専業の日本の会社のサービス

Coiney　　Origami Pay　　BankPay
（企業向けサービス）

海外発のQRコード決済サービス

アリペイ　　WeChatペイ

054

日本で導入可能なQRコード決済①
アリペイ／WeChatペイ

訪日中国人などへの対応に便利な2大巨頭サービス

　本書執筆時点で、日本の消費者がアリペイやWeChatペイを決済に使用することは現実的ではありせん。しかし、これらのサービスを**日本の店舗が導入することは可能**です。近年、訪日中国人の推移は右肩上がりに増えています。2017年には約736万人もの来日があり、今後も増加していくことが予想されます。こうした訪日観光客向けにアリペイやWeChatペイを導入することは、**インバウンド需要を掴むための一手**にもなります。

　アリペイを店舗に導入するには、日本に数多くある**アリペイの決済代行会社を窓口として手続きを行います**。それらの多くが導入コストゼロ、月次コストゼロとなっており、導入にかかる負担はほとんどありません。またQRコードの読み取り端末も、スマートフォンやタブレットに専用アプリをインストールするだけです。気になる決済手数料は、たとえばクレジットカード決済の平均的な手数料が4〜7%であるのに対し、アリペイは約3%前後となっています。WeChatペイもアリペイと同様、決済代行会社に申し込みを行えば、かんたんに導入やサポートを受けることができます。代行会社は、**アリペイとWeChatペイの両方に対応している**ことが多いです。

　今や日本はものづくり大国から凋落し、外貨獲得手段を見失いつつあります。その対策として政府は「おもてなし」というテーマを掲げ、観光立国を目指しています。アリペイ、WeChatペイはもとより、キャッシュレス決済環境の整備は、店舗の売り上げを伸ばすことにとどまらない重要性をはらんでいるのです。

アリペイとWeChatペイは訪日中国人への需要が高い

訪日中国人の推移

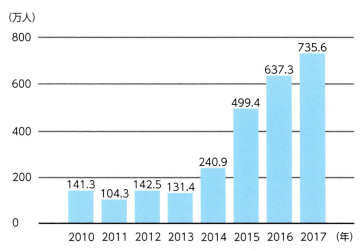

出典:「日本政府観光局(JNTO)」

店舗側の導入条件

	アリペイ	WeChat ペイ
導入費用	無料	無料
加盟店手数料	決済代行会社によって異なる	決済代行会社によって異なる
決済手数料	1.5～3.5% ※決済代行会社や品目によって異なる	1.5～3.5% ※決済代行会社や品目によって異なる
入金サイクル	決済代行会社によって異なる	決済代行会社によって異なる

055

日本で導入可能なQRコード決済②
ソフトバンクとヤフーが提携「PayPay」

潜在的な可能性を多分に秘め、アリペイとも提携

　Sec.46でも触れたように、「PayPay」はソフトバンクとヤフーの共同出資によりスタートした決済サービスです。PayPayは、楽天ペイ（Sec.58参照）が巨大ECの楽天をバックに持つのと同じように、ソフトバンクとヤフーの膨大なユーザーが潜在的利用者として期待されています。PayPayが世間に大きく注目されたのが、2018年12月4日から始まった「100億円あげちゃうキャンペーン」です。これは**「PayPayで支払いを行った場合、決済額の20%または抽選で全額が還元される」**というキャンペーンでした。その驚異の還元率から、企業の予想以上にPayPay利用者が殺到。キャンペーンの実施は当初2019年3月までの予定でしたが、開始後わずか10日で還元額が100億円に達し、12月13日に終了しました。

　このPayPayフィーバーを目の当たりにし、導入を考え始めた店舗も多いでしょう。PayPayは**2021年9月末まで決済手数料が無料になる**ほか、他社のサービスと比べて入金サイクルが短いのも魅力です。さらにPayPayはアリペイとも提携しており、日本人だけでなく、訪日中国人にとっても使い勝手のよい決済サービスとなっています。

　PayPayはキャンペーン期間中、アクセスが集中したことでアプリが利用できなくなったり、クレジットカードの不正利用が多発したりと、様々なトラブルが発生しました。このことから、「やはりキャッシュレスはだめだ」「結局は現金がいちばん」と感じた人も多いかもしれません。瞬間的にブームとなったPayPayですが、このまま消費者に定着するのか、今後の動向が注目されます。

PayPayの導入や使い方

● 「PayPay」公式サイト
(https://paypay.ne.jp/)
公式サイトの「店舗様へ」から、導入についての問い合わせができる。

● 「PayPay」アプリ

消費者は既存の Yahoo!JAPAN の会員情報で PayPay にログインができる。店舗側は専用アプリがインストールされた端末で、消費者のアプリ画面に表示された QR コードまたはバーコードを読み取るか、消費者に QR コードまたはバーコードを読み取ってもらう。また、アリペイでも PayPay の QR コードを読み込むことが可能なため、店舗側はアリペイユーザーの来店も見込める。

	PayPay の店舗側の導入条件など
導入費用	無料
加盟店手数料	無料
決済手数料	発生する ※2021年9月末まで決済手数料0%
入金サイクル	入金先がジャパンネット銀行の場合は翌日支払い 入金先がジャパンネット銀行以外の場合は 当日締め最短翌々営業日に支払い

056

日本で導入可能なQRコード決済③
ドコモの「d払い」

ドコモがリリースしたQRコード決済サービス

　ドコモが2018年4月に提供を始めたQRコード決済サービスが、**「d払い」**です。ドコモのサービスというとドコモユーザーしか利用できないというイメージがありますが、d払いは**dアカウントを取得すれば他キャリアやMVNOのスマートフォンからでも利用が可能**です。dアカウントを持っていれば面倒な設定は必要なく、スマートフォンにアプリをインストールするだけで利用できます。

　d払い最大の特徴は、**決済方法の多様さ**です。ドコモユーザーであれば、携帯電話料金との合算請求ができます。またVISAやMasterCardなどのクレジットカード登録も可能です。さらに、ドコモサービスの利用などで貯められるdポイントも使えます。またd払いには決済上限が設けられ、1回の決済で未成年は1万円（成人は10万円）までしか利用できないようになっています。そのため、子どもにも安心して使わせることができます。

　店舗への導入費用と加盟店手数料はどちらも無料ですが、決済手数料は店舗の情報や売り上げからドコモが判断し、決定した料率となります。サービス提供開始後は、高島屋やタワーレコードなどが先んじて導入を行い、2018年末には全国のローソンやファミリーマートといった全国に多くの店舗を持つ企業も加盟店となっています。

　通信キャリア最大手のドコモが展開するd払いですが、現在のところ普及の可能性は未知数です。しかし、今後は**ドコモならではの資本力を生かした利用可能店舗の拡大や拡張サービス**などが図られるかどうかが、成否の鍵となりそうです。

d払いの導入や使い方

●「d払い」公式サイト
(https://service.smt.docomo.ne.jp/keitai_payment/)
導入を検討する場合は、公式サイトに記載されている導入パートナー会社に問い合わせる。

●「d払い」アプリ
消費者が利用するには、登録に d アカウントとクレジットカード（3Dセキュアが設定されているもののみ）が必要となる。店舗側は専用アプリがインストールされた端末で、消費者のアプリ画面に表示された QRコードまたはバーコードを読み取る。

	d払いの店舗側の導入条件など
導入費用	無料
加盟店手数料	無料
決済手数料	申し込み内容・情報、総合売り上げに応じて ドコモの判断で決定
入金サイクル	売り上げ月の翌月 2 日締め 25 日支払い

60分でわかる！ キャッシュレス決済　最前線 **129**

057

日本で導入可能なQRコード決済④
LINEの「LINE Pay」

国内ユーザー 3,000万人・LINEのQRコード決済サービス

　「LINE Pay」は、「LINE」が2014年12月にスタートしたQRコード決済サービスです。LINEに付随する一機能のため、専用アプリをインストールする必要はありません。LINE Payへのチャージは銀行口座やコンビニからの入金が可能ですが、クレジットカードからのチャージはできません。

　LINE Payには、**「送金」「支払い依頼・割り勘」「出金」「請求書支払い」**といった機能が用意されています。「送金」機能はLINEユーザーのアカウント間で自由に送金を行えるというもので、親子や友人どうしの間でお金の受け渡しをかんたんに行うことができます。また「支払い依頼・割り勘」機能では、相手に対して請求を行えたり、グループでかかった費用を割り勘で支払ったりすることができます。「出金」機能では、LINE Payから銀行口座への出金ができます。「請求書支払い」では、公共料金の請求書のバーコードを読み取って、料金を支払うことができます。

　店舗への導入費用は無料で、スマートフォンやタブレットに専用アプリをインストールするだけで利用できます。LINE Pay専用端末、プリントQR、LINE Pay店舗用アプリのいずれかを申し込んだ場合、決済手数料が2021年7月31日まで無料となります。

　LINE Payでは2018年2月より、LINE PayほかLINEの各サービスの利用などで貯められる**「LINEポイント」**での決済も可能になりました。国内QRコード決済の立役者として、一歩先を行くサービスだといえるでしょう。

LINE Payの導入や使い方

● 「LINE Pay」公式サイト
(https://line.me/ja/pay)
公式サイトの「LINE Pay 加盟店申請」から導入申し込みや資料請求ができる。

● 「LINE Pay」アプリ
消費者側に LINE Pay 専用のアプリはなく、「LINE」アプリ内の「ウォレット」画面から LINE Pay の登録や利用ができる。店舗側は専用アプリをインストールした端末で、消費者のアプリ画面に表示された QR コードまたはバーコードを読み取るか、消費者に QR コードまたはバーコードを読み取ってもらう。

	LINE Pay の店舗側の導入条件など
導入費用	無料
加盟店手数料	無料
決済手数料	店舗決済は月額 100 万円以下の場合は 0% 100 万円を超える場合は 3.45% オンライン決済は物販の場合は 3.45% デジタルコンテンツの場合は 5.5%
入金サイクル	月末締め翌月末払い

058

日本で導入可能なQRコード決済⑤
楽天の「楽天ペイ」

楽天ユーザーに実店舗消費を促すQRコード決済サービス

　国内EC最大手である楽天は、2016年10月にQRコード決済サービス**「楽天ペイ」**をリリースしました。楽天は約9,900万の登録ユーザーを抱えており、潜在的利用者でいえば圧倒的です。

　楽天ペイは、楽天会員のアカウント取得に伴うクレジットカードの登録を必須としています。この登録カードが楽天カードなら、**「楽天スーパーポイント」**を豊富に獲得できるというメリットがあります。店頭で楽天ペイを使うと、既存の楽天カードのポイント還元（100円で1ポイント）に加えて楽天ペイのポイント還元（200円で1ポイント）が受けられ、**ポイントの二重取り**が可能なのです。また楽天ペイには複数のクレジットカードを登録できるので、財布にカードを何枚も入れておく必要がなくなります。いわば、**クレジットカードをひとまとめにして、カードを何枚も持つ煩わしさから解放してくれるサービスである**ともいえるでしょう。

　店舗への導入費用や加盟店手数料は無料。3.24％の決済手数料が発生しますが、これは業界最低水準です。また売り上げの入金先を楽天銀行にしている場合、自動で翌日入金が行われるため、立ち上げたばかりの店舗や小規模事業者には嬉しいメリットです。

　近年楽天は、楽天ペイの店舗向け機能の拡充を進めているほか、auのQRコード決済サービス「au PAY（Sec.46参照）」との連携も発表しています。消費者に対してどのようなシナジー効果を生むかが、今後の普及に大きな影響を与えることになりそうです。

楽天ペイの導入や使い方

● 「楽天ペイ」公式サイト
(https://pay.rakuten.co.jp/)
公式サイトの「導入検討中の店舗様へ」から導入申し込みや資料ダウンロードのエントリーができる。

● 「楽天ペイ」アプリ
消費者側は既存の楽天会員情報で楽天ペイにログインできる。店舗側は専用アプリをインストールした端末で、消費者のアプリ画面に表示された QR コードまたはバーコードを読み取るか、消費者に QR コードまたはバーコードを読み取ってもらう。

	楽天ペイの店舗側の導入条件など
導入費用	無料
加盟店手数料	無料
決済手数料	3.24%
入金サイクル	入金先が楽天銀行の場合は自動で翌日支払い 入金先が楽天銀行以外の場合は 前月 26 日〜当月 10 日締めの場合は当月末払い 前月 11 日〜当月 25 日締めの場合は翌月 15 日払い ※ 振り込み依頼も可能

059

日本で導入可能なQRコード決済⑥
Coiney ／ Origami Pay

訪日中国人の取り込みを企図した2つのサービス

　日本人に向けたQRコード決済の普及を待つのではなく、訪日中国人に向けてサービスを展開することで普及を図ったのが、「Coiney」と「Origami Pay」です。両者はd払いやLINE Pay、楽天ペイと異なり、決済専業企業が展開するサービスです。

　Coineyは2012年にいち早くスタートした決済サービスで、2016年にはWeChatペイへの対応を発表しました。**「Coineyスキャン」**という店舗側の決済アプリに、WeChatペイの決済を対応させたのです。一方のOrigami Payは、契約店舗と構築した独自の割引システムが特徴の決済サービスです。Origami Payは2016年にアリペイへの対応を発表し、**Origami Pay導入店舗で中国人がアリペイを利用できるようになりました**。両社とも、自社サービスの実店舗への普及の足掛かりとして中国人観光客への対応を前面に押し出した形となっています。

　店舗への導入費用と加盟店手数料はどちらも無料で、決済手数料はCoineyが3.24％、Origami Payが3.25％となっています。Coineyの入金は、月6回の手動入金（初期設定）か月1回の自動入金かを選ぶことができます。Origami Payは月末締めの翌月末支払いです。

　ドコモや楽天といった大手企業がQRコード決済に参入したことで、キャッシュレス決済市場では熾烈な競争が繰り広げられています。その中で新興ベンチャー2社の**アリペイやWeChatペイへの対応は、今後の生き残りをかけた戦略の1つ**といえるかもしれません。

Coiney、Origami Payの導入や使い方

●「Coiney」公式サイト

(https://coiney.com/)
「Coineyスキャン」を導入することで、中国の決済サービス「WeChatペイ」の利用が可能になる。

●「Origami Pay」公式サイト

(http://origami.com/origami-pay/)
「Origami Pay」と同時に中国の決済サービス「アリペイ」も利用できるプランの申し込みが可能。

●「Origami」アプリ

銀行口座またはクレジットカード／デビットカードの登録ができる。
店舗側は消費者のアプリ画面に表示された QR コードまたはバーコードを読み取るか、消費者に QR コードまたはバーコードを読み取ってもらう。

	Coineyの店舗側の導入条件など	Origami Payの店舗側の導入条件など
導入費用	無料	無料
加盟店手数料	無料	無料
決済手数料	3.24%	3.25%
入金サイクル	月6回の手動入金 自動入金の場合は売り上げ月の翌月10日締め当月20日払い	月末締め翌月末支払い

Column

Amazon Payの実店舗での利用が開始

　EC、音楽・動画配信、生鮮食品の配達サービスなど、数えきれないほどのサービスを提供しているアマゾンジャパンが、ついにQRコード決済に乗り出しました。2018年8月29日より、実店舗で「Amazon Pay」が利用可能になったと発表したのです。

　もともとAmazon Payは、Amazon.co.jpのアカウントを持っていればAmazon以外のWebサイトでもかんたんに決済ができるというサービスでした。Amazon Payのサービス開始は2015年5月。現在では、決済可能なWebサイトは3,000件以上にのぼります。そんな中、今回アマゾンジャパンが実店舗に対してAmazon Payを展開した狙いは、「古いレジを使用していて、カード決済端末を持たない個人・中小店舗へのサービス提供」です。こうした店舗は「システム導入の負担」「手数料の高さ」「入金サイクルが遅い」といった懸念からキャッシュレス化を検討せず、市場は長らく未開拓のままに置かれてきました。アマゾンジャパンはこうした市場のシェアをいち早く獲得していく計画なのです。

　Amazon Payの導入には、キャッシュレスソリューションを事業とする「NIPPON PAY」の子会社「NIPPON Tablet」から、決済端末を無料でレンタルすることができます。また、2020年末まで加盟店の決済手数料をゼロにするキャンペーンも用意されています。すでに様々な規模の店舗への導入が始まっており、2018年10月末には国内ファッションブランドとしては初めて「サマンサタバサ」の直営4店舗に導入されました。Amazon Payの今後の動向は、d払い、LINE Pay、楽天ペイなどがひしめく国内QRコード決済の頂上決戦に大きなインパクトを与える可能性があります。

Chapter 4
進化するキャッシュレス決済の「未来」はどうなる?

060
テクノロジーの進展がキャッシュレスを加速させる

進化するキャッシュレス決済の未来像

　世界でこれほどまでにキャッシュレスを浸透させたもっとも重要な要因は、やはり**「テクノロジーの急速な発展」**でしょう。その中でも特に存在感を持つのが、スマートフォンです。スマートフォンは、「インターネット」「GPS」「カメラ」「センサー」といった様々なテクノロジーの集合体です。こうした最新テクノロジーの結晶であるスマートフォンが決済の役割を担うことで、キャッシュレスは急速に普及していったのです。**スマートフォンは決済というサービスにおいて、なくてはならないインフラ**なのです。

　そして、こうしたスマートフォンというインフラを軸として、さらに新しいテクノロジーが開発され、利用されようとしています。こうした技術の発展、導入により、キャッシュレス決済はさらなる進化を見せることが予想されるのです。「Amazon Go」のように、スマートフォンを見せる必要すらない決済のしくみ（Sec.61参照）、個人を特定するための「生体認証技術」の発展（Sec.62参照）、「API」による金融機関と決済サービスの連携（Sec.63参照）、「AI」による大量の消費者データの分析や、さらに利便性の高いサービスの開発などです。

　これらはまだ発展途上のテクノロジーではあるものの、昨今の進展はめざましく、今後のキャッシュレス決済に大きな影響を与えるものと考えられます。キャッシュレス決済の未来は、こうしたテクノロジーの進化と切っても切り離せない関係にあります。本章では、予想されるキャッシュレス決済の未来像について見ていきましょう。

スマートフォンを中心にキャッシュレスの未来が広がる

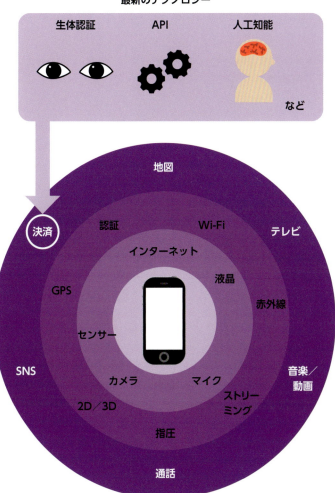

様々なテクノロジーの集合体であるスマートフォンを軸に、
さらに新しい技術が付加されていくことで
キャッシュレス決済の可能性が広がっていく。

061
レジすら不要!
Amazon Goが提示するビジョン

無人決済による未来型店舗を目指すAmazon Go

2018年1月、アメリカ・シアトルに、Amazon.comが運営する**"無人決済店舗"「Amazon Go」**の1号店がオープンしました。その後も次々と新しい店舗をオープンさせています。Amazon Goの利用方法は、最初にスマートフォンで「Amazon Go」アプリを起動し、表示されたQRコードを店舗のゲートにかざして入店します。棚に並べられている商品の中からほしいものを手に取り、あとは、そのままゲートを通って退店するだけです。その後、スマートフォンに会計内容が届き、自動的に決済が行われます。

Amazon Goで使われている技術は、近年ビジネスにも多く利用されている**人工知能(AI)**です。店内に設置されたカメラやセンサーにより、「誰が、どの棚で、どの商品を、いくつ手に取ったのか」を追跡・認識しています。複数の商品を一度に手に取ったり、一度手に取った商品を棚に戻したりしても、AIは誰がどの商品をいくつ持っているのかをしっかりと認識してくれます。

また日本では、JR赤羽駅で無人決済店舗の実証実験が行われました。決済は交通系ICカードで行うものの、技術面でのしくみはAmazon Goとほとんど変わりません。さらに、ローソンでは客が自分で商品のバーコードをスキャンする「ローソンスマホペイ」アプリを発表したり、ファミリーマートではLINEが開発するAIを利用したコンビニ「ファミマミライ」の実用化を目指しています。**国内でも、キャッシュレスによる無人店舗の実現に向けて着々と構想が進みつつある**のです。

無人決済を実現させたAmazon Go

Amazon Goのしくみ

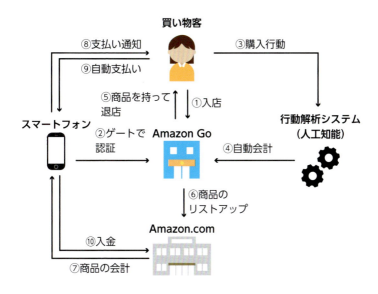

Amazon Goの店舗

062
認証技術の進化による本人確認の簡易化

技術の進化で決済の形が変わる？

　今後数年は、QRコード決済をはじめ、スマートフォンを中心とした決済サービスが様々な形態で展開されていくことが予想されます。しかし将来的には、スマートフォンすら必要としない決済環境が整えられるかもしれません。それが、**「生体認証技術」**です。生体認証の中でも「指紋認証」や「顔認証」は、すでにスマートフォンやパソコンへの搭載が始まっており、これらの認証技術を活用した決済サービスが複数存在します。しかしこうしたすでに実用化されているものとはまた別に、新しい生体認証を使った決済サービスの開発が進んでいるのです。その一例として、「手のひら認証」があります。

　手のひら認証は、手や指の静脈のパターンを用いて認証を行うというものです。現在はイオングループの「イオンクレジットサービス」が、決済サービスの実証実験を行っています。これが実現すると、消費者は専用端末に手のひらをかざすだけで決済が可能になります。現在はスマートフォンが個人を認証するための機器として利用されていますが、これが「手のひら」に置き換わるということです。消費者は、**財布もスマートフォンも持ち歩かずに買い物ができるようになる**のです。

　その最大の利点は上述の通り、「何も持たなくても決済できること」そして「紛失や盗難の恐れがないこと」です。個人しか持ち得ない生体情報を認証に用いることで、消費者は高い利便性と信頼性を獲得することができるのです。

生体認証技術の進化で買い物がより手軽になる

指紋認証

顔認証

静脈認証（手のひら認証）

虹彩認証

声紋認証

これらの生体認証技術が決済システムに導入されると…

買い物などの外出にバッグや財布が不要になる

紛失・盗難の恐れもなく、パスワードもいらない

買い物が手軽になる

063
サービスとサービスをつなぐAPIの可能性

事例で紐解くオープンAPI

　ここではSec.60で触れた、今後のキャッシュレス決済の大きな柱となるであろう**「API」**について解説します。APIは「アプリケーション・プログラミング・インターフェース」の略で、データ連携のためのテクノロジーです。わかりやすいAPIの例に、「Googleマップ」があります。様々な店舗のホームページで、Googleマップを使った地図を見かけることがあると思います。これは、店舗のホームページとGoogleマップの機能をAPIによってつなぐことで、**あるサービス（データ）をほかのサービスで利用できるようにしている**のです。APIはユーザーに多くの利便性をもたらすことから、近年キャッシュレス決済の分野でも注目を集めるようになりました。日本では2017年5月に成立した改正銀行法により、決済・金融サービス会社と金融機関のAPI連携への期待が高まっています。

　キャッシュレス分野でのAPI連携によって可能になるのが、**決済サービスから金融データへのアクセス**です。日本の事例では、オンライン会計や家計簿サービスで知られる「マネーフォワード」と「freee」の例が挙げられます。現在、この2つのサービスとメガバンクをはじめ、住信SBIネット銀行、静岡銀行がAPI連携しており、ユーザーはサービス上から銀行の口座情報を取得できたり、振り込みを行えたりします。

　国内事例はまだごく少数ですが、政府は2020年6月までに80以上の銀行のAPI連携を目指すとしています。今後もAPIによる決済サービスの利便性向上は加速していくことが予想されます。

APIとは？

AIPのしくみ（金融機関の場合）

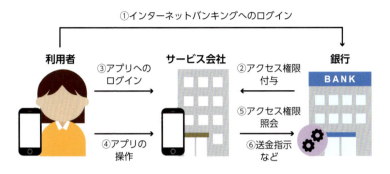

**APIはサービスとサービスをつなぐテクノロジー。
外部サービスから銀行口座の照会や送金などが可能になる。**

APIの活用事例

● マネーフォワード ME
（https://moneyforward.com/）

700万人のユーザーを誇る自動家計簿アプリ。銀行口座やクレジットカード情報を登録することで、お金の流れが自動でグラフ化される。また、使用したお金は食費や光熱費など自動でカテゴリ分けしてくれるため、管理が非常に便利になる。

064
お金のデータ化が
日本の社会コストを削減する

お金がデータ化することで生まれるメリットとは?

　キャッシュレス決済と従来の現金決済とのもっとも大きな違いは、「お金がデータ化される」ということです。そしてこの「お金がデータ化される」という点に、キャッシュレスのもっとも大きなメリットがあります。それが、**「社会コストの削減」**です。

　現金を発行・流通させるには、紙幣・硬貨の製造や管理、ATMの設置・運用をはじめ、様々なコストがかかっています。私たちが現金を財布に入れて持ち歩くことさえも、一種のコストであるといえます。みずほフィナンシャルグループによると、**日本の現金流通コストは金融業界が約2兆円、小売・外食産業が約6兆円と、合わせて約8兆円**にものぼるとされています。またVISAが発表した資料によると、現金輸送、セキュリティ、銀行取引費用などといった現金の扱いにおいて、企業は月間収入の2〜3%を支払っているといいます。このような現金ハンドリングコストを計上していない企業もあるため、キャッシュレス化を進めてコストが下がったとしても、それを実感するのは難しいかもしれません。しかしお金のデータ化は、社会全体で見ると確実なコスト削減が期待できるのです。

　こうした「現金を扱うためのコスト削減」によって消費者にもたらされるメリットが、**「決済手数料やサービスの低価格化」**です。現金にまつわる従来のコストを削減できた結果、金融機関や事業者はその分を消費者に還元することができます。お金のデータ化による社会コストの削減は、回り回って、私たち消費者のメリットとして還元されるのです。

現金の流通にかかるコスト

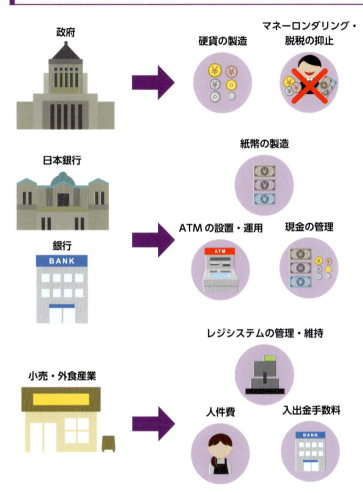

現金流通コストは約8兆円にものぼる。
キャッシュレス社会となりお金がデータ化すれば、
これらのコストを大幅に削減できる可能性がある。

出典：みずほフィナンシャルグループ
「我が国のキャッシュレス化推進に向けたJ-Coin構想について」

065
キャッシュレス社会はバラ色とは限らない

キャッシュレス社会は果たしてメリットしかないのか?

　ここまで解説してきたキャッシュレス化のメリットを考えると、来るべき社会は私たちにとってバラ色の未来のように思えるかもしれません。しかし、果たしてそれは本当なのでしょうか?

　キャッシュレス化は、**テクノロジーによる金融業務やサービスの効率化、自動化、省人化によってもたらされる**ものです。キャッシュレス化が浸透すれば、従来それらの業務に携わってきた職業が不要になります。たとえばAmazon Goやそれに類するサービスが一般に普及すれば、これまでレジの業務を行ってきた店員は職を失います。また無人とまでいかなくとも、これまで2人で担ってきた決済業務を1人で賄えるようになるかもしれません。さらには、銀行、証券会社、会計事務所なども、お金に関わる業務が効率化されていく中で、将来消えゆく職業であるとされています。

　またこのように決済業務が効率化されることで、対面によるコミュニケーションの機会が減っていき、孤独を強く感じる社会が到来するかもしれません。かつての八百屋や肉屋といった個人店舗から、スーパー、コンビニへと小売の形態が変化することで、コミュニケーションの機会は大きく減っていきました。それがキャッシュレスの普及によって、さらに加速する可能性があるのです。

　キャッシュレスを総じて評価すれば、**「利便性の追求」**だといえます。消費者にとっては歓迎することである一方、上述のような負の側面があることも考慮しなければいけないのです。今後は、よりクリエイティブな仕事が求められる時代になるでしょう。

キャッシュレス社会になることで生まれる問題

キャッシュレス化で消えゆく可能性のある職業

コミュニケーション機会の減少

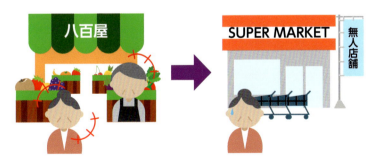

他人とコミュニケーションを取れる機会が減り、
孤独の拡大が予想される。

066

企業などによる消費者行動の監視

お金に関する行動のプライバシーがなくなるかもしれない

　キャッシュレス社会において、お金に関わる個人情報はすべてスマートフォン上に集約され、インターネットを介して複数のサービス、企業の元、管理されることになります。こうした環境は、「いつでもどこでも利用できる」という利便性を提供するとともに、**プライバシーがなくなる**という負の側面を生み出すことになります。

　将来予想されるキャッシュレス社会では、購入や支払いなどの決済情報は一元化され、「誰が、いつどこで、何をどのくらい、いくらでどのように購入したか」といった個人情報が、**決済サービスを提供する企業によってすべて管理される**ことになります。さらに消費者の情報だけでなく、あらゆる店舗の販売状況も決済サービス提供会社に筒抜けとなります。場合によっては、その情報が複数の企業によって共有される可能性もあるのです。このように、ある特定の企業に情報を管理されるという状況は、セキュリティ、プライバシー、ビジネスといった面から考えても、決して好ましいものではありません。情報を預ける企業の倫理感や技術力によって、私たちの個人情報の扱いが大きく変わってしまうことになるのです。

　また、キャッシュレス化によって個人による決済や店舗の売り上げ状況が把握しやすくなることで、税務署が決済サービス提供会社に対してキャッシュレス決済の売り上げ履歴の提出を求めるようなことも起こり得ます。利便性の見返りとして、緩やかな監視社会がやってくる。キャッシュレス決済は、その先駆けともいえる存在なのかもしれません。

決済情報や個人情報が管理されてプライバシーがなくなる

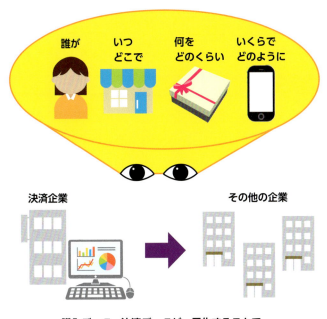

購入データ、決済データが一元化することで、
消費者の個人情報や購入履歴、店舗の販売状況などが
決済サービス提供会社やその他の企業に管理されてしまう。

067
キャッシュレス化が変える社会のあり方

キャッシュレス化は日本にチャンスをもたらす一手だが…

　日本は今後、本格的なキャッシュレス社会に突入するのでしょうか。これに対しては、まだ多くの不確定要素があります。治安のよさや円に対する信頼性、盤石な決済インフラを考えれば、お金を持ち歩かなくてもよいというメリットは他国に比べ低く思われます。また店舗側にしてみても、現金と異なり手数料が発生するキャッシュレスのメリットは理解しづらいかもしれません。

　しかしここまで解説してきたように、キャッシュレス化は**「社会コストの削減」「労働人口減の対策」「インバウンド需要促進」**など、経済の発展に大きく貢献するものと考えられています。日本が抱える問題解決の策として大きく期待できるものであり、普及の結果、日本がよりよい社会になる可能性が十分にあるのです。

　ただし、キャッシュレス化を「ゴール」としてしまってはいけません。**キャッシュレス化は「目的」ではなく、あくまで日本の課題を解決するための「手段」に過ぎないのです。**キャッシュレスを含むいくつもの手段を使うことにより、私たちにとっての明るい未来がつくられていくのです。

　その手段の1つであるキャッシュレスを普及させるには、消費者・事業者を問わず、誰にでも扱いやすく、かつメリットを感じられる**環境の整備**が必要となります。キャッシュレスの行く先、そして日本の情報化社会はこの整備にかかっています。サービスの乱立や利用・導入の難しさなど、消費者や事業者を置いてきぼりにさせない環境整備やサービス開発が求められているといえるでしょう。

キャッシュレス化を普及させるための取り組みは？

●社会コスト削減

●労働人口減の対策

●インバウンド需要促進

キャッシュレス化によってこれらの課題の解決が望める。
ただし…

キャッシュレスは「目的」ではなく、
あくまでも課題解決のための「手段」の1つ。

手段①	手段②	手段③
キャッシュレス	？？？？？	？？？？？

サービスの乱立、利用・導入の難しさなど、
消費者・事業者を混乱させないための環境整備が求められる。

キャッシュレス関連企業リスト

決済 **コイニー** URL https://coiney.com/	スマートフォンなどでカード決済が行えるようになる「Coiney」を提供。店舗側の「Coineyスキャン」の導入で、消費者は「WeChatペイ」での支払いが可能。導入費用無料、決済手数料3.24％。
決済 **Origami** URL http://origami.com/origami-pay/	QRコード決済アプリ「Origami Pay」を提供。店舗側はiPadで決済から売上確認まで行える。消費者は「Origami Pay」と「アリペイ」での支払いが可能。導入費用無料、決済手数料3.25％。
決済 **Teedas corporation** URL http://xn--ccke5nlc.net/	「アリペイ.net」「ウイペイ.net」の企画・運営会社。加盟店契約で「アリペイ」と「WeChatペイ」の決済が行えるようになる。どちらも導入費用無料、申し込みから最短3営業日での利用が可能。
決済 **GMOペイメントゲートウェイ株式会社** URL https://www.gmo-pg.com/	ECサイトでの「LINE Pay」「楽天ペイ」決済、クレジットカード決済などに対応できる「PGマルチペイメントサービス」を提供。いずれも導入ECサイトが法人運営の場合が対象となる。
決済 **ベリトランス株式会社** URL https://www.veritrans.co.jp/	「VeriTrans4G」の導入で「アリペイ」「LINE Pay」「楽天ペイ（オンライン）」の決済に対応できる。また「アリペイ」「銀聯ネット決済」、クレジットカードや電子マネー決済にも対応可能。
決済 **株式会社ペイジェント** URL https://www.paygent.co.jp/	決済システムの導入方法は2種類あり、「リンクタイプ」では「楽天ペイ」やクレジットカード決済など、「モジュール組込タイプ」では「アリペイ」「銀聯ネット決済」などに対応している。
決済 **株式会社アプラス** URL https://syukin.aplus.co.jp/	提供される1つのアプリで「アリペイ」「WeChatペイ」「LINE Pay」の3つの決済サービスに対応。申し込み～利用開始までは約3週間かかる。
決済 **ソフトバンク・ペイント・サービス株式会社** URL https://www.sbpayment.jp/	ソフトバンクグループが運営するオンライン決済・端末決済サービス提供会社。QRコード決済は「LINE Pay」「アリペイ」「銀聯QRコード決済（UnionPay）」を利用できるサービスの導入が可能。
決済 **株式会社ライフシード** URL https://www.nippon-tablet.life-seed.com/	「NIPPON Tablet」代理店。NIPPON Tablet株式会社と同様に「アリペイ」「WeChatペイ」「d払い」「Amazon Pay」「pring」「PAY ID」の6つの決済サービスに対応できる。
IT企業 **ユニヴァ・ペイキャスト** URL https://www.ipservice.jp/	サイト改善・運営サポートツールやオンライン・オフライン決済サービスを提供。店舗側が「招待Pay」を利用することで、消費者は「アリペイ」「WeChatペイ」「d払い」での決済が行えるようになる。導入費用無料。

IT企業 **インコム・ジャパン** URL http://www.incomm.com/	世界最大手のPOSAカード流通事業者の日本法人。「WeChatペイ」「LINE Pay」「d払い」の導入サービスを提供。りそなグループが新たにサービスを開始する決済サービスにも対応予定。
IT企業 **株式会社マクロニクス** URL http://www.macronix.net/	「Origami Pay」「NIPPON PAY」代理店。「Orimai Pay」は「アリペイ」の同時申し込みも可能。「NIPPON PAY」の申し込みでは「アリペイ」と「WeChatペイ」が導入できる。
IT企業 **株式会社ネットスターズ** URL http://www.netstars.co.jp/	「StarPay」の導入で、「アリペイ」「WeChatペイ」「d払い」「LINE Pay」「PayPay」「楽天ペイ」に対応できる。小型決済端末「StarPay端末 SUNMI V1」も販売。
IT企業 **株式会社ロイヤルゲート** URL https://www.paygate.ne.jp/	「アリペイ」「WeChatペイ」「d払い」「LINE Pay」「PayPay」「楽天ペイ」「Origami Pay」や、NFC決済などに対応できる決済端末「PAYGATE Station」を提供。
IT企業 **株式会社SYD** URL https://www.netpr.biz/payment	ビジネスにおける集客・販促・PRを行う会社。1つのアプリで「アリペイ」「WeChatペイ」「d払い」の決済が利用できる。導入費用無料、決済手数料はアリペイとWeChatペイが2.9%、d払いが3.5%。
IT企業 **ビッグローブ** URL https://biz.biglobe.ne.jp/starpay/	複数のQRコード決済サービスを1つのアプリで利用できるモバイル決済ソリューション「StarPay」を提供。導入することで「LINE Pay」「d払い」「アリペイ」「WeChatペイ」の決定が利用できる。
IT企業 **株式会社ポイントイェス** URL http://www.pointyes.jp/	「アリペイ」代理店。ホームページでは多くのアリペイ導入事例を紹介している。日本観光情報アプリの開発・運営のほか、「WeChat」を活用したプロモーションサービスも行う。
IT企業 **株式会社ビジコム** URL https://www.busicom.co.jp/	オールインワンPOSレジ「BCPOS」を提供。「アリペイ」「WeChatペイ」決済に対応できるほか、クレジットカードや電子マネー、仮想通貨での決済にも対応可能。
IT企業 **インタセクト・コミュニケーションズ株式会社** URL https://www.intasect.com/	ITソリューションの提供やシステム開発サービス、プロモーション事業を行う。「WeChatペイ」代理店。専用端末のレンタルも可能。導入費用無料、決済手数料は流通額に応じて調整。
IT企業 **株式会社pring** URL https://www.pring.jp/	コミュニケーションアプリ「pring」を提供。導入費用無料、決済手数料0.95%と、業界最安値とされている。口座がみずほ銀行の場合、売り上げ金は最短翌日入金。

キャッシュレス関連企業リスト

サービス **株式会社リクルート** URL https://airregi.jp/mp/	「Airペイ QR」の導入で、「アリペイ」「WeChatペイ」「d払い」「LINE Pay」の4つの決済サービスに対応できる。iPhoneまたはiPadの用意が必要。導入費用無料、決済手数料3.24％。
サービス **キャナルペイメントサービス株式会社** URL http://www.canalpayment.co.jp/	「アリペイ」「WeChatペイ」「d払い」「LINE Pay」「PayPay」「楽天ペイ」「Origami Pay」などに対応できる決済サービスを提供。ビットコイン決済(bitFlyer)にも対応している。
サービス **NIPPON Tablet株式会社** URL https://nippon-tablet.com/	「NIPPON Tablet」の導入で、「アリペイ」「WeChatペイ」「d払い」「Amazon Pay」「pring」「PAY ID」の6つの決済サービスに対応できるほか、翻訳やBGMサービスを利用できる。
サービス **株式会社マックスサポート** URL http://www.max-support.co.jp/	「アリペイ」「WeChatペイ」などに対応できる決済プラットフォームサービス「YayaPay」を提供。導入すると中国の情報サイトに店舗データが無料で掲載される。導入費用無料、決済手数料3％。
システム開発 **株式会社デンソーウェーブ** URL https://www.denso-wave.com/	1994年に自動車部品工場や配送センターなどでの使用を念頭にQRコードを開発。QRコードの生成・配信・読み取り、データ蓄積を行うクラウドサーバー「Qプラットフォーム」、QRコードリーダーアプリ「Q」を提供。
システム開発 **株式会社メディアシーク** URL https://www.mediaseek.co.jp	QRコード読み取りアプリ「ICONIT」を提供。ダウンロード数は2,600万を誇る（2017年11月時点）。キャッシュレス推進協議会の初期メンバーとして参画。
広告代理店 **株式会社WEB INN** URL https://www.webinn.jp/	「Origami Pay」代理店。導入費用無料、決済手数料3.25％。そのほかにもTポイント、nanaco、CNポイントなどの代理店業務も行う。
広告代理店 **JC Connect株式会社** URL https://www.jc-connect.co.jp/	「WeChat」を活用したプロモーションサービスを展開。「WeChatペイ」の導入支援や広告、販促グッズの活用支援、「WeChat」関連のセミナーなどを行う。
メディア **日本美食株式会社** URL https://www.japanfoodie.jp/	飲食店向けの集客サービスを展開。決済サービス「日本美食wallet」は「アリペイ」「WeChatペイ」「QuickPass」「LINE Pay」などに対応。導入費用無料、決済手数料3％。
コンサルティング **株式会社グランキャスト** URL https://www.grancast.co.jp/wechatpay	「WeChatペイ」代理店。中国内のメディアでの広報活動や、広報資料の支援などを行ってくれる。申し込みから導入までには約1週間かかる(POS連携の場合は約2ヶ月)。

メーカー **株式会社ドンキーボックス** URL http://www.wechatpay.don-x.com/	小売り事業、OEM事業、ベンダー事業、ウェブ販売事業、インバウンド集客事業を展開。「WeChatペイ」代理店。訪日中国人の集客をアップさせるサポートを行う。
物流 **佐川フィナンシャル株式会社** URL https://www.sg-financial.co.jp/	「SAGAWA SMART PAY」の導入で「アリペイ」「WeChat Pay」に対応。導入事例として新宿駅南口宅配カウンターがあるが、物流や宅配に関わらず様々な企業が申し込み可能。
印刷 **竹田印刷株式会社** URL https://www.takeda-prn.co.jp/	印刷事業や販促・プロモーション事業を展開。「Origami Pay」代理店。キャッシュレス化と購買履歴を活用した加盟店のCRMプロモーションをサポートしてくれる。
金融 **株式会社SAMURAI BROTHERS** URL https://samurai-brothers.co.jp/	外貨両替所運営事業や国際送金事業のほかに、ペイメントサービス事業を展開。サービス導入で「アリペイ」「WeChatペイ」「Origami Pay」に対応。
金融 **株式会社三菱UFJ銀行** URL https://www.bk.mufg.jp/	日本3大メガバンクの1つ。預金口座数約4,000万で、経常収益国内No.1。2019年に三井住友銀行とみずほ銀行の3行でQRコード決済「BankPay」を提供予定。
金融 **株式会社三井住友銀行** URL https://www.smbc.co.jp/	日本3大メガバンクの1つ。預金口座数約2,700万で、経常収益国内No.2。2019年に三菱UFJ銀行とみずほ銀行の3行でQRコード決済「BankPay」を提供予定。
金融 **株式会社みずほ銀行** URL https://www.mizuhobank.co.jp/	日本3大メガバンクの1つ。預金口座数約2,400万で、経常収益国内No.3。2019年に三菱UFJ銀行と三井住友銀行の3行でQRコード決済「BankPay」を提供予定。
協会 **一般社団法人 キャッシュレス推進協議会** URL https://www.paymentsjapan.or.jp/	国内外の関連諸団体・組織・個人、関係省庁等と相互連携を図り、キャッシュレスに関する諸々の活動を通じて、早期のキャッシュレス社会を実現することを目的として活動。
協会 **一般社団法人 日本キャッシュレス化協会** URL https://cashless-japan.org/	スマートフォン決済、クレジットカード決済等によるキャッシュレス化の推進を目的に、2017年11月より活動。特別賛助会員に「Amazon Pay」「pring」「日本美食」などがいる。
協会 **一般社団法人 ウィチャットペイ推進協議会** URL http://wechatpay.jpn.com/	「WeChatペイ」の正規代理店として、決済サービス「WeChat Payment」を提供。訪日中国人の決済手段の利便性向上と店舗への中国人来客増加を推進する目的として活動している。

Index

数字・アルファベット

1688.com	68
1次元コード	52
2次元コード	52
AI	138, 140
Amazon Go	138, 140
Amazon Pay	136
API	138, 144
Apple Pay	54
ATM	100
au PAY	108
BankPay	110
Chase Pay	90
Coiney	134
Discover	58
dアカウント	108
d払い	108, 128
eBay	56
FinTech	110
freee	144
Googleマップ	144
ICチップ	42
LINE Pay	106, 112, 130
NFC決済	14, 54
NPCI	90
Origami Pay	134
PASMO	54
PayPay	108, 126
Paytm	90
POSシステム	36
QRコード	14, 52
QRコード決済	14
QRコードの標準化	116
QuickPass	30
QUICPay+	112
Suica	24, 54
Swish	90
Walmart Pay	90
WeChat	28, 56, 60
WeChatペイ	30, 56, 60, 124
YOUKU	68

あ 行

アリエクスプレス	68
アリババ	28, 56, 68
アリペイ	14, 18, 30, 56, 58, 124
イオンクレジットサービス	142
ウェイボー	92
お金のデータ化	46, 48, 146
お金の流れ	46
おサイフケータイ	54
オンライン決済	14

か 行

顔認証	86, 142
家計簿機能	44
画像認証	86
観光立国戦略	104
規格統一	110, 118
規制緩和	66
キャッシュレス	14, 102
キャッシュレス化のデメリット	50
キャッシュレス化のメリット	38
キャッシュレス推進協議会	102, 116
キャッシュレス・ビジョン	94, 102
銀聯（ぎんれん）	28

銀聯（ぎんれん）QRコード決済	30
銀聯（ぎんれん）カード	28, 66
車の自動販売機	80
軽減税率	114
決済業務	38
現金化までの時間	40
現金主義	16, 96
コウベイ	58
個人間送金	78
個人情報	150

さ 行

芝麻（ジーマ）信用	74
ジエベイ	76
資産運用	58
システム構築	36
指紋認証	86, 142
社会コストの削減	146
ジャック・マー	68, 70
消費者金融機能	44
生体認証技術	138, 142
セキュリティ	86, 88

た 行

タオバオ	28, 56, 62
テクノロジー	138
手のひら認証	142
デポジット	26
テンセント	28, 56
デンソーウェーブ	52
テンマオ	68
導入コスト	36
独身の日	64

な・は 行

偽札	34, 96
犯罪抑止	42
非接触決済	54
ビッグデータ	84
ファベイ	76
ファミマミライ	140
フィッシングサイト	88
プライバシー	150
ポイント還元	114, 118
保険	58
補償	86
ホンバオ	60

ま〜わ 行

マネーフォワード	144
みずほ	110
三井住友	110
三菱UFJ	110
無人コンビニ	22
モバイル決済	14
ユエバオ	70, 76
予約機能	44
ライフスタイル・スーパーアプリ	58
楽天ペイ	132
ローソンスマホペイ	140
ローン	58, 80
割り勘機能	60
網聯（ワンリェン）	88

■ 問い合わせについて

本書の内容に関するご質問は、下記の宛先までFAXまたは書面にてお送りください。
なお電話によるご質問、および本書に記載されている内容以外の事柄に関するご質問にはお答えできかねます。あらかじめご了承ください。

〒162-0846
東京都新宿区市谷左内町21-13
株式会社技術評論社　書籍編集部
「60分でわかる！　キャッシュレス決済　最前線」質問係
FAX：03-3513-6167

※ご質問の際に記載いただいた個人情報は、ご質問の返答以外の目的には使用いたしません。
　また、ご質問の返答後は速やかに破棄させていただきます。

60分でわかる！　キャッシュレス決済　最前線

2019年2月15日　初版　第1刷発行

著者	キャッシュレス研究会
監修	山本　正行（山本国際コンサルタンツ）
発行者	片岡　巌
発行所	株式会社　技術評論社 東京都新宿区市谷左内町21-13
電話	03-3513-6150　販売促進部 03-3513-6160　書籍編集部
編集	リンクアップ
担当	大和田　洋平
装丁	菊池　祐（株式会社ライラック）
本文デザイン・DTP	リンクアップ
製本／印刷	大日本印刷株式会社

定価はカバーに表示してあります。

本書の一部または全部を著作権法の定める範囲を超え、
無断で複写、複製、転載、テープ化、ファイルに落とすことを禁じます。

©2019　技術評論社

造本には細心の注意を払っておりますが、万一、乱丁（ページの乱れ）や落丁（ページの抜け）がございましたら、小社販売促進部までお送りください。送料小社負担にてお取り替えいたします。

ISBN978-4-297-10388-0　C3055

Printed in Japan